U0020188

47 種創新風味飲品與料理

日本茶食譜

本間節子　著

李友君　譯

你找到日本茶嶄新的魅力了嗎？

開設甜點教室的不久之前，我有幸遇到一間有趣的茶館對日本茶很熟悉，獲得深入學習日本茶的機會。聽到對方談論建立日本茶講師資格制度的話題，讓我想要更加了解日本茶，也想對甜點工作有所助益，於是就取得了那項資格。

從那時起的十幾年後，日本茶業界之前建立日本茶講師制度的部分人士，創辦了嶄新日本茶的品評會。其中的活動部分是從二〇一三年第一屆起讓我參與協助。這項活動意在發掘嶄新的日本茶和評斷消費者覺得美味的茶，擔任相關人員之後讓我感受到調製嶄新茶飲的趨勢和茶飲喜好的變化。

我再次感受到日本茶的魅力，想要以自己這個甜點製作者才有的觀點，配合現在的時代，傳授日本茶的各種享用法，於是就基於這股心情寫了這本書。

我會先悉心地沖泡日本茶，慎重其事地直接美味飲用。同樣的，我也想趁著還可口的時候喝得一乾二淨。「煮沸熱水冷卻到適合的溫度，用急須壺沖泡，飲用後再丟掉茶葉。」每天忙著做這道簡單的工作，有時也會嫌麻煩。茶葉開封後轉眼間就過了一個月，偶爾滋味和香氣也會改變。遇到這種時候就要轉換心情，從別的角度設想該怎麼享用日本茶。我編纂的食譜有時會搭配柑橘和其他感受到季節的材料，有時冷卻之後會像甜點一樣，溫熱之後會溫暖身體和心靈，而有時還可以整個吃下去。運用五花八門的食譜，從生活當中感受日本茶嶄新的魅力。

另外，日本茶的健康功效也值得期待，殺菌效果也高，還蘊含維他命。而且會恰如其分地提振心情，有時反而還有舒緩的作用。

假如各位讀者能夠藉由這本書，感受到日本茶嶄新的享用法就在身邊，運用在生活當中，我就很高興了。

本間節子

目次

你找到日本茶嶄新的魅力了嗎？ 2

與日本茶嶄新的滋味邂逅

簡單食譜 ⑧ 種

① 添加碳酸 7

② 與香草搭配 10

③ 與柑橘搭配 14

④ 添加甜味 18

⑤ 添加牛奶和豆漿 22

⑥ 冰凍 26

⑦ 與酒搭配 30

⑧ 冷泡 34

將冷泡茶當作洋酒使用 36

基本泡茶法 40

煎茶食譜 42

焙茶食譜 52

花一道功夫讓手邊的茶更好喝 58

製作焙茶 58

製作玄米茶 59

抹茶食譜 60

和紅茶食譜 68

關於玉露 75

使用泡完玉露後的茶葉烹飪的料理 76

使用焙茶和煎茶的米飯料理 77

我愛用的泡茶工具 80

關於日本茶的種類 82

尋找鍾愛之茶的祕訣 86

將美味的茶裝進瓶子裡當伴手禮 88

用茶包將美味的茶放在身邊 89

我現在關注的茶 90

INDEX 94

本書規則

◆ 1杯＝200mℓ，1大匙＝15mℓ，1小匙＝5mℓ（1mℓ＝1cc），以上述換算方式測量。
鹽巴1撮約1g。

◆ 雞蛋沒另行標示時要使用ML尺寸（淨重約60g，蛋黃約20g，蛋白約40g）。
雞蛋要恢復到室溫再行使用。

◆ 鮮奶油要使用動物性脂肪占45～47%的產品。

◆ 砂糖要使用甜菜細砂糖。
製造方式跟細砂糖和上白糖相同。

普通煎茶

焙茶

和紅茶

深蒸煎茶

抹茶

和紅茶

普通煎茶

焙茶

蒸製玉綠茶

釜炒製玉綠茶

簡單食譜〈8〉種

無論使用煎茶、焙茶、和紅茶還是抹茶，都可以馬上嘗試調製，
首先就請各位參考 P.40-41的「基本泡茶法」泡杯茶看看。

〈1〉添加碳酸

熱水注入急須壺中，讓茶葉舒展後再添加碳酸水，
無須花時間浸泡，馬上就可以冷著喝。
風味沉穩，些微的碳酸冒出氣泡。
宛如零酒精啤酒的感覺，各位也可以試著搭配餐點。

倒熱水進去讓茶葉慢慢舒展。

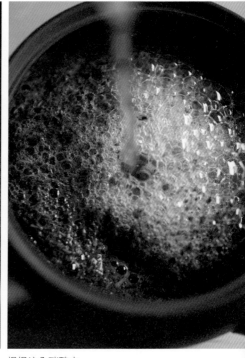

慢慢注入碳酸水。

⟨1⟩添加碳酸

○ 食譜（2杯份）

茶種	茶葉的分量	熱水的溫度和分量	碳酸水的分量
普通煎茶	茶葉 6g	80℃ 20mℓ	200mℓ
深蒸煎茶	茶葉 6g	80℃ 20mℓ	200mℓ
蒸製玉綠茶	茶葉 6g	80℃ 20mℓ	200mℓ
釜炒製玉綠茶	茶葉 6g	80℃ 20mℓ	200mℓ
焙茶	茶葉 6g	90℃ 30mℓ	200mℓ
和紅茶	茶葉 6g	90℃ 20mℓ	200mℓ
抹茶	抹茶 4g	70℃ 40mℓ	200mℓ

＊請參考P.90-93的茶種清單。

○ 沖泡法（參照P.40-41）

1 茶葉放進急須壺中，慢慢注入熱水。
2 靜置1分鐘（深蒸煎茶要30秒），讓茶葉慢慢舒展（P.7左方照片）。
3 汽水（無糖）分幾次慢慢注入，再靜置1分鐘（P.7右方照片）。
4 稍微混合後就以濾茶網過濾，注入玻璃杯。依照喜好添加冰塊。

★使用抹茶時，要以濾茶網篩過之後再放進茶碗裡，
　慢慢注入熱水，以茶筅點沏（譯註：沖泡抹茶時日本人會説點沏而不是沖泡）。
　接著將汽水（無糖）慢慢注入，稍微混合後再注入玻璃杯。
　依照喜好添加冰塊。

MEMO
我會在想要提振心情時喝這種飲料。
既然想要用碳酸暢快飲用，這裡就不添加甜味了。
另外還有一種沖泡法，
是將寶特瓶汽水開封放茶葉進去，
放到冰箱冷藏一晚，再以濾茶網過濾。
只不過，將茶葉放進寶特瓶之前，要是沒有倒一點汽水出來，
泡完打開蓋子時就有可能會溢出，造成積水，請各位小心。
還有，雖然這時會想要搖晃瓶子，讓茶味均勻散發，但也無須猛烈搖晃。
這種沖泡法也會產生些微的碳酸。

左起　和紅茶、焙茶、抹茶、普通煎茶

⟨2⟩與香草搭配

普通煎茶＋蜂斗菜花莖

焙茶＋蘋果薄荷

普通煎茶＋紫蘇

深蒸煎茶＋蒔蘿

抹茶＋留蘭香

釜炒製玉綠茶＋檸檬香草

和紅茶＋山椒

深蒸煎茶＋檸檬草

只需將新鮮香草加進急須壺的茶葉當中沖泡即可。
清新的香草芬芳冉冉飄散，飲用後就會嚐到滿滿日本茶的新鮮滋味。

⟨2⟩ 與香草搭配

● 食譜（2杯份，抹茶是1杯份）

茶種	茶葉的分量	熱水的溫度和分量	浸泡時間	香草
普通煎茶	茶葉 4 g	80℃ 240 m ℓ	1 分鐘	紫蘇／蜂斗菜花莖／檸檬草
深蒸煎茶	茶葉 4 g	80℃ 240 m ℓ	30秒	檸檬草／蒔蘿／香菜
蒸製玉綠茶	茶葉 4 g	80℃ 240 m ℓ	1 分鐘	紫蘇／小菊花
釜炒製玉綠茶	茶葉 4 g	80℃ 240 m ℓ	1 分鐘	檸檬香草／迷迭香
焙茶	茶葉 5 g	90℃ 240 m ℓ	1 分鐘	蘋果薄荷／蒔蘿／羅勒
和紅茶	茶葉 4 g	90℃ 240 m ℓ	2 分鐘	山椒／洋甘菊／蘋果薄荷
抹茶	抹茶 2 g	70℃ 100 m ℓ		留蘭香

＊請參考P.90-93的茶種清單。

● 沖泡法（參照P.40-41）

1 裝進急須壺用的香草要準備2條左右，剁成大片（也可以依照喜好增加）。
　前端細小的葉子要切下來，放進杯子裡。
2 茶葉放進急須壺中，添加準備好的香草，注入熱水靜置30秒～2分鐘。
3 適量的香草已經裝在1的杯子裡，將2的茶倒進去。

＊ 使用抹茶時，香草要事先放進熱水當中，轉移香氣。
　等熱水溫度下降後再拿掉香草。
　篩好的抹茶要放進茶碗裡，添加溫度下降的熱水，以茶筅點沏。
　再注入已經裝了適量香草的杯子裡。
＊ 除了香氣強烈的香草（山椒、蜂斗菜花莖）以外，分量為4g。
　香氣強烈的香草要放少一點，再視情況增加。

③ 與柑橘搭配

只需像平常一樣，將柑橘皮添加在茶葉中沖泡即可。
清爽的柑橘香冉冉飄散，更能感受日本茶的鮮味。
檸檬、柚子、臭橙、酸橘、橘子、金橘、小夏、文旦等等，
享受茶香和柑橘各式各樣的搭配。

和紅茶＋橘子

深蒸煎茶＋柚子

普通煎茶＋金橘

焙茶＋酸橘

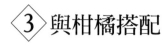

⟨3⟩ 與柑橘搭配

● 食譜（2杯份）

茶種	茶葉的分量	熱水的溫度和分量	浸泡時間	柑橘皮和重量標準
普通煎茶	茶葉 4g	80℃ 240mℓ	1分鐘	金橘（10g）柚子（6g）檸檬（6g）
深蒸煎茶	茶葉 4g	80℃ 240mℓ	30秒	柚子（6g）檸檬（6g）文旦（15g） 小夏（15g）
蒸製玉綠茶	茶葉 4g	80℃ 240mℓ	1分鐘	柚子（6g）
釜炒製玉綠茶	茶葉 4g	80℃ 240mℓ	1分鐘	檸檬（6g）
焙茶 和紅茶	茶葉 5g	90℃ 240mℓ	1分鐘	酸橘（10g）檸檬（6g）臭橙（10g） 柚子（6g）
和紅茶	茶葉 4g	90℃ 240mℓ	1分鐘	橘子（30g）金橘（10g）檸檬（6g） 柳橙（10g）

＊請參考P.90-93的茶種清單。

●沖泡法（參照P.40-41）

1 將茶葉和準備好的柑橘皮（參照下述步驟）放進急須壺當中。
2 事先擷取要裝入玻璃杯的柑橘皮，削成小塊放進去。
3 熱水注入急須壺中，靜置30秒～1分鐘。
4 將3的茶倒進玻璃杯。

柑橘皮的使用法

柑橘皮會飄出香氣，使用時要切成美觀的形狀。
以菜刀削薄就能隨手使用，
也適合處理柚子、檸檬、柳橙、臭橙、酸橘、小夏和其他柑橘。
檸檬和柳橙可以用削皮器輕鬆去皮，削成一圈圈的螺旋狀。
文旦內側白色綿狀物的部分很苦，要先去皮削除綿狀物，
再切成火柴棒大小的絲。
金橘和酸橘要切成相當薄的圓片，露出切口。
橘子要切成相當薄的圓片，露出切口，或是切成粗末，使其浮在水面上。

1 檸檬
2 柳橙
3 臭橙
4 酸橘
5 柚子
6 金橘
7 文旦
8 橘子

◇4◇ 添加甜味

只要添加少許的甜味，疲勞時就可以放鬆紓壓，
品嚐某種懷念的滋味。
甜味的種類有黑糖、蔗砂糖、蜂蜜、楓糖、
羅漢果和煉乳等等。
接下來要介紹我喜歡的茶和甜味的搭配。

深蒸煎茶＋蜂蜜　　　　　和紅茶＋煉乳

焙茶＋楓糖　　　　普通煎茶＋蔗砂糖　　　　抹茶＋黑糖

④ 添加甜味

● 食譜（2杯份，抹茶是1杯份）

茶種	茶葉的分量	熱水的溫度和分量	浸泡時間	甜味
普通煎茶	茶葉 6g	80℃ 230mℓ	1分鐘	蔗砂糖／蜂蜜／砂糖
深蒸煎茶	茶葉 6g	80℃ 230mℓ	30秒	蜂蜜／砂糖／蔗砂糖
蒸製玉綠茶	茶葉 6g	80℃ 230mℓ	1分鐘	蜂蜜
釜炒製玉綠茶	茶葉 6g	80℃ 230mℓ	1分鐘	蜂蜜
焙茶	茶葉 6g	90℃ 230mℓ	1分鐘	楓糖／黑糖／和三盆糖
和紅茶	茶葉 6g	90℃ 230mℓ	1分鐘	煉乳／蜂蜜
抹茶	抹茶 2g	80℃ 70mℓ		黑糖／蜂蜜／砂糖／羅漢果

＊請參考P.90-93的茶種清單。

● 沖泡法（參照P.40-41）

1 茶葉放進急須壺當中。
2 慢慢注入熱水，靜置30秒～1分鐘。
3 將喜歡的甜味添加到容器當中，注入茶水。

★使用抹茶時，要將篩過的抹茶放進茶碗當中，添加甜味注入熱水，再以茶筅點沏。

MEMO

冷著喝的時候，
熱水的分量要減半，以同樣的沖泡法調製較濃的茶。
等添加甜味再化開之後，
就把分量等於急須壺熱水的冰塊加進去冷卻，再注入容器當中。

1 蔗砂糖
2 楓糖
3 蜂蜜
4 黑糖
5 砂糖
　（甜菜細砂糖）
6 和三盆糖
7 煉乳

⟨5⟩ 添加牛奶和豆漿

焙茶、抹茶、和紅茶搭配牛奶或豆漿雖然常見，
不過與煎茶搭配，或許對很多人來說也是第一次。
請一定要嚐嚐煎茶的鮮味和苦味與牛奶＆豆漿的搭配。

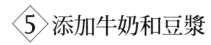

⟨5⟩ 添加牛奶和豆漿

● **食譜**（2杯份， 抹茶是1杯份）

茶種	茶葉的分量	熱水的溫度和分量		浸泡時間	牛奶或豆漿的分量
普通煎茶	茶葉 6g	80℃	180mℓ	1分鐘	60mℓ
深蒸煎茶	茶葉 6g	80℃	180mℓ	30秒	60mℓ
蒸製玉綠茶	茶葉 6g	80℃	180mℓ	1分鐘	60mℓ
釜炒製玉綠茶	茶葉 6g	80℃	180mℓ	1分鐘	60mℓ
焙茶	茶葉 6g	90℃	180mℓ	1分鐘	60mℓ
和紅茶	茶葉 6g	90℃	180mℓ	1分鐘	60mℓ
抹茶	抹茶 2g	80℃	60mℓ		30mℓ

＊請參考P.90-93的茶種清單。

● **沖泡法**（參照P.40-41）

1 茶葉放進急須壺當中。

2 熱水注入急須壺當中，靜置30秒～1分鐘。

3 添加溫熱到70℃的牛奶（豆漿）。

（牛奶〔豆漿〕加溫之後，用打蛋器〔或奶泡機〕攪拌成泡狀。

這樣添加之後就會滑嫩可口）

★使用抹茶時，要將篩過的抹茶放進茶碗當中，注入熱水，以茶筅點沏。

再添加溫熱到70℃的牛奶（豆漿）。

MEMO

冷著喝的時候，

泡好的茶要移到別的容器裡，看是要泡冰水，

或是放進冰箱急速降溫冷藏。

接著再替冷卻後的茶添加冰涼的牛奶（豆漿）。

上起　深蒸煎茶＋豆漿、抹茶＋牛奶、和紅茶＋豆漿、焙茶＋牛奶（左）、釜炒製玉綠茶＋牛奶（右）

⟨6⟩ 冰凍

上起
金炒製玉綠茶
抹茶
焙茶
普通煎茶
和紅茶

泡得美味的茶要放進冷凍用保存袋或製冰器冰凍。
這樣可以輕鬆調理和儲存，請一定要試試看。
只要細細敲碎撒上和三盆糖或淋上糖漿，就會變成清爽的甜點。
放在冰淇淋上相信也很好吃。
只要浮在冷茶當中就可以冷著喝到美味，不會稀釋到茶。

左起　深蒸煎茶、抹茶

⟨6⟩ 冰凍

● 食譜（2杯份，抹茶是1杯份）

茶種	茶葉的分量	熱水的溫度和分量	浸泡時間
普通煎茶	茶葉 6 g	80℃ 240mℓ	1 分鐘
深蒸煎茶	茶葉 6 g	80℃ 240mℓ	30秒
蒸製玉綠茶	茶葉 6 g	80℃ 240mℓ	1 分鐘
釜炒製玉綠茶	茶葉 6 g	80℃ 240mℓ	1 分鐘
焙茶	茶葉 6 g	90℃ 240mℓ	1 分鐘
和紅茶	茶葉 6 g	90℃ 240mℓ	1 分鐘
抹茶	抹茶 4 g	70℃ 100mℓ	

＊請參考P.90-93的茶種清單。

● 沖泡法（參照P.40-41）

1 以基本泡茶法沖泡。

2 注入不鏽鋼的大碗等容器當中，底部泡冷水或冰水冷卻。

3 裝進製冰盒或冷凍用保存袋，蓋上方盤壓平，再放進冰箱冷凍。
建議做成薄板狀。

MEMO

用熱水沖泡的茶在冰凍之後就會冒出澀味，嚐到茶應有的口感。

冷泡茶（參照P.34-35）冰凍之後，就會凸顯甜味，變得醇厚。

假如以製冰器冰凍，再用刨冰器打成雪花狀，就會做出日本茶刨冰。

冰塊也會浮在蘇打水或牛奶上。

只要外出時裝進隨行杯帶著走，即可享用化開得恰到好處的冷茶。

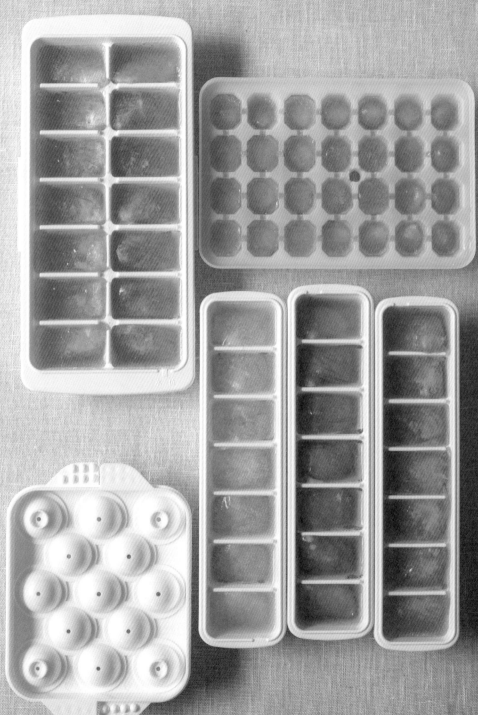

⟨7⟩與酒搭配

這裡要介紹茶與酒搭配，讓人有點期待的食譜。

煎茶琴酒 →P32

煎茶以琴酒萃取成分後，就會變成美麗的祖母綠翠色（左方照片）。注入汽水之後則會變成清澈的黃綠色（右方照片）。要是靜置一晚就會變成褐色，請把握良機享用。

抹茶啤酒 →P32

將冰涼的抹茶倒進冷藏過的啤酒當中。
啤酒的苦味和抹茶的鮮味相當對味，會降低酒精濃度，容易入口。

⟨7⟩ 與酒搭配

煎茶琴酒 →P.30

◉食譜（1杯份）

煎茶（釜炒製玉綠茶或普通煎茶）　3g

琴酒（喜歡的產品）　50mℓ

砂糖　1/2小匙

　　（喜歡苦味也可以不加）

汽水（無糖）　150mℓ（約為琴酒的3倍）

藍莓（裝飾用）　1粒

＊也可以放酸橘或檸檬圓片浮在水面上代替藍莓。

◉沖泡法

1 茶葉裝進容器（玻璃瓶等等）注入琴酒，
　靜置3小時以上（最多一晚），萃取顏色和
　風味。

2 以濾茶網過濾。

3 砂糖撒進玻璃杯，注入2的琴酒。

4 慢慢注入汽水，再以雞尾酒飾針穿刺藍莓
　裝飾。

★以滋味暢快的白葡萄果汁代替汽水搭配後，
　就會變成甘甜的雞尾酒。
　我也推薦這種做法。

抹茶啤酒 →P.31

◉食譜（1杯份）

抹茶　2g

水　10mℓ

熱水　10mℓ

水　50ml

啤酒　350mℓ

◉沖泡法（參照P.40-41）

1 抹茶以濾茶網篩過，裝進容器裡。

2 添加水10mℓ，以茶筅攪拌。

3 添加熱水10mℓ，以茶筅混合到冒出香氣。

4 添加剩下的水50mℓ，以茶筅確實打出氣
　泡。

5 啤酒注入玻璃杯。

6 等4當中點沏好的抹茶冷卻之後，就輕輕
　注入啤酒上。

煎茶風味的日本酒

只需將日本酒倒在茶葉上等5分鐘，就可以輕鬆調製。
鮮味會增加，變成醇厚的滋味。

◉食譜（2杯份）

煎茶（深蒸煎茶）　　6g
日本酒　120mℓ
＊日本酒建議選擇滋味清爽的產品。
（照片使用的是獺祭純米大吟釀50）

◉沖泡法

1 茶葉放進急須壺當中，慢慢倒入冰涼的日
　本酒。

2 靜置5分鐘左右，再倒進冰涼的玻璃杯裡。

3 第2泡也一樣要倒入日本酒，靜置5分鐘左
　右的時間，再倒進玻璃杯裡。

MEMO

熟悉的「燒酒加茶」
假如也用鍾愛的茶沖泡，
而不是寶特瓶裝的茶，就會特別好喝。
冷著喝時茶要冷泡（參照P.34-35），
熱著喝時要用急須壺沖泡（參照P.40-41），
請依照喜歡的比例混合茶飲和燒酒飲用。

⟨8⟩冷泡

只需放進冰箱冷藏兼萃取成分，
就會變成醇厚甘甜，容易入口的冷茶。
美味調製的祕訣，
就在於多一點的茶葉和長一點的時間。
茶味會慢慢在水中化開。

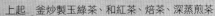
上起　釜炒製玉綠茶、和紅茶、焙茶、深蒸煎茶

◐ **食譜**（容易調製的分量，約5杯份）

茶種	茶葉的分量	水的分量	冰箱浸泡時間
普通煎茶	茶葉 10g	500㎖	3小時～6小時
深蒸煎茶	茶葉 10g	500㎖	2小時～6小時
蒸製玉綠茶	茶葉 10g	500㎖	3小時～6小時
釜炒製玉綠茶	茶葉 10g	500㎖	3小時～6小時
焙茶	茶葉 10g	500㎖	6小時
和紅茶	茶葉 10g	500㎖	3小時～6小時

＊請參考P.90-93的茶種清單。
＊水盡量使用通過淨水器的自來水，日本國產或硬度低的瓶裝水。

○ **沖泡法**

1 茶葉放進茶壺或其他容器當中，注入水。

2 蓋上蓋子放進冰箱裡。

3 配合茶種預估浸泡時間，稍微混合後就以濾茶網過濾。

4 裝進保存容器蓋上蓋子，放在冰箱保存。
　　要在大約3天內喝完（早點喝會很可口）。

＊茶葉浸泡時間要配合喜好調整。
　　細小的茶葉要短一點，碩大的茶葉則要長一點。
　　普通煎茶或深蒸煎茶要在1小時左右以後飲用，但是基本上要靜置6小時（一晚），
　　才會變成紮實的味道。

MEMO

冷泡茶的優點還有幾個。
因為可以事先準備，所以最適合款待客人。
只要裝進容器當成伴手禮送人，對方就會很開心。
就算放進冰箱保存或充分冷卻，水色也不會太混濁，
清澈的外觀賞心悅目。
當作常備飲料，當作搭配餐點的飲料，
請用各式各樣的茶試試看。
使用既好喝又中意的茶
調製冷茶之後剩下的茶葉，
以充分沸騰過的熱水稍微冷卻，
注入上述食譜一半分量的水，
等1分鐘再過濾。滋味清淡的第2泡茶
也很值得品味一番。

將冷泡茶當作洋酒使用

將日本茶當作洋酒使用，注入玻璃杯，
搭配料理上菜的餐廳增加了。
不只是外觀，茶本身的滋味也會襯托料理，
是侍酒師一致認定的美味。

和紅茶×牛排配薯條 →P.66

煎烤牛排，添加講究品質的馬鈴薯裝盤，
搭配春摘的和紅茶。
和紅茶的甘甜和香氣會襯托肉的滋味。
讓人好想喝紅酒的料理，就適合和紅茶。

釜炒製玉綠茶×奶油煎魚 → P.66

釜炒製玉綠茶的特徵在於飄散的甜香和清淡的風味，
以及青澀而新鮮的口感。
我建議這時可以吃煎烤白身魚或鮭魚這類簡單的料理。
讓人好想搭配白酒的料理，就要泡杯釜炒製玉綠茶享用。

煎茶×孜然風味高麗菜鹹派 → P.66

深蒸煎茶、普通煎茶或蒸製玉綠茶在冷泡之後會留下少許苦味，
甘甜濃郁而新鮮的青澀很吸引人。
假如和鹹派的奶油香氣、
鮮奶油或起司料理一起飲用，就會覺得很暢快。

焙茶×山茼蒿培根法式鹹蛋糕 → P.67

就如蔬菜豐富，基底為油的山茼蒿法式鹹蛋糕一樣，
以蔬菜為主角的料理，
替焙茶的芬芳和甘甜增添濃郁感。
焙茶的焙煎狀況適合淡味的食物。

基本泡茶法

假如想要飲用美味的日本茶，請先嘗試簡單的基本沖泡法，對於享用這本書的食譜也有幫助。

我會記得將熱水確實煮沸，以適合各種茶的沖泡法慢慢悉心沖泡。

就算熱水滾了，空氣咕嚕咕嚕冒出來，也不要立刻關火，要稍微轉小持續沸騰足足1分鐘左右，再冷卻熱水及泡茶。2杯湯吞杯的分量可以輕鬆巧妙沖泡，剛開始請按照食譜以2杯份沖泡看看。

日本茶有兩種特性，一種是以較高的水溫沖泡後會冒出許多香氣，但是澀味也會泡出來，遮掩甜味和鮮味。另一種則是冷卻熱水以低溫沖泡後會冒出微微香氣，但是澀味也不會泡太多出來，能夠強烈感受到鮮味和甜味。

同樣是茶，滋味也會因沖泡的水溫而改變。喜歡帶有鮮味或甜味的茶，還是喜歡帶有苦味和澀味的茶，只要明白自己的偏好，就可以泡出更貼近自身喜好的茶。

● 食譜（2杯份， 抹茶是1杯份）

茶種	茶葉的分量	熱水的溫度和分量	浸泡時間
普通煎茶	茶葉 6g	80℃ 240mℓ	1分鐘
深蒸煎茶	茶葉 6g	80℃ 240mℓ	30秒
蒸製玉綠茶	茶葉 6g	80℃ 240mℓ	1分鐘
釜炒製玉綠茶	茶葉 6g	80℃ 240mℓ	1分鐘
焙茶	茶葉 6g	90℃ 240mℓ	1分鐘
和紅茶	茶葉 6g	90℃ 240mℓ	1分鐘
抹茶	抹茶 2g	水（常溫）10mℓ＋95℃ 50mℓ	

＊請參考P.90-93的茶種清單。

★水盡量使用通過淨水器的自來水，日本國產或硬度低的瓶裝水。

★熱水（沸騰的開水）實際上在95℃左右。溫度調節就從現在開始，每移到一個容器當中，溫度就會降低5～10℃左右。我們可以轉移容器或等到變成喜歡的溫度為止。

MEMO

第2泡茶也可以美味飲用。

第2泡要準備比第1泡溫度稍微高一點的熱水，注入急須壺當中再迅速分批倒出。

茶葉會舒展開來，就算不像第1泡那樣蓋上蓋子等待也沒關係。

想要享用冷茶時，就將基本沖泡法的熱水分量減半，泡出濃茶。

再注入裝了大量冰塊的容器飲用，或是參照P.34-35以冷泡方式沖泡。

煎茶沖泡法 ·····················

1

熱水（約90℃）注入急須壺當中。急須壺會加溫，熱水的溫度也會下降。

2

急須壺的熱水移到湯吞杯當中，替湯吞杯加溫，測量熱水的分量。熱水的溫度也會降得更低（約80℃）。殘留在急須壺裡的熱水要倒掉（假如想在沖泡時將溫度降得更低一點，就要再將熱水移到湯冷杯）。

3

茶葉放進急須壺當中。
（以1杯3g，熱水120mℓ為基準，就跟湯吞杯的尺寸差不多）。

4

將2的湯吞杯熱水（要記得指定的熱水溫度）注入裝了茶葉的急須壺當中，蓋上蓋子等待浸泡時間。

5

分數次慢慢交互倒進湯吞杯當中。只要依序少量注入，濃度就會均勻。

6

注入到最後一滴為止。

抹茶點沏法 ·····················

泡抹茶的熱水也要確實煮沸，用濾茶網篩過抹茶，以免結成球塊狀。

1

篩過的抹茶放進茶碗裡，注入常溫的水10mℓ。

2

以茶筅攪拌。

3

添加95℃的熱水50mℓ。

4

以茶筅確實打出泡沫。

5

點沏抹茶讓表面出現細微的泡沫。

煎茶食譜

煎茶口味鳳梨茶 → P.50

只要搖晃玻璃杯，甘甜的鳳梨就會逐漸在煎茶中化開。
普通煎茶會讓鳳梨濃郁的甘甜變得清爽，
鳳梨則會將普通煎茶的澀味
變得醇厚，是具有加成作用的搭配。

煎茶果凍 → P.50

煎茶果凍不會太甜，做出了冷茶滑過喉嚨的口感。
炎熱的日子就不用說了，沒有精神時，沒有食慾時也可以享用。
假如將部分果凍放進方盤冰凍之後再搗散，也能夠體驗清涼的感覺。

煎茶冰沙 → P.50

青肉類的哈密瓜、深蒸蒸製玉綠茶的青澀，
以及從冷泡的冷茶誘發出來的
自然甘甜相當對味，
是口感清爽的冰沙。
哈密瓜適合夏天，
初春就要用葡萄柚調製。

漂浮煎茶 → P.51

冰涼的深蒸煎茶上浮著冰淇淋，
盛裝成冰淇淋汽水的風格。
茶的味道不甜，
能夠喝完而不嫌膩。
冰淇淋溶化後的甜度
是我喜歡的平衡。

白巧克力風味煎茶牛奶 → P.51

我也喜歡用牛奶稀釋煎茶來喝，所以在寒冷的日子裡會泡成熱飲。
熱飲只要放進白巧克力，融化後就有牛奶味。
深蒸煎茶的苦味和濃郁感也會變得醇厚可口。

櫻花煎茶 →P.50

只要在鹽漬櫻花當中注入熱水變成櫻花茶，再添加水色賞心悅目的蒸製玉綠茶，
淺綠色的茶上就會漂浮淺粉紅色的花瓣。

煎茶葡萄柚混合口味果凍 → P.55

我喜歡葡萄柚和煎茶混合後的滋味。
軟綿綿的果凍茶滋味清爽。
兩種果凍交錯盛裝在玻璃杯中，無論是用湯匙吃，
還是用吸管喝，都能開心享用。

柑橘茶 → P.51

泡出來的茶滋味強烈，隱約可以感覺到柑橘風味。
只要裝在帶嘴水瓶再放進冰箱，
果汁就會不斷冒出來，變得更加可口。
酸橘的綠色、小夏的黃色和臍橙的橘色，
會映照出黃色的茶飲。

丹桂糖漿茶 → P.74

自從在臺灣旅行時喝過加了丹桂花的糖漿水，
就一直想要調製丹桂糖漿（照片中央），
與茶搭配（照片左方）。
各位也可以試著淋在果凍或杏仁豆腐上。

柚香煎茶 →P.74

釜炒製玉綠茶的清爽、
芬芳和醇厚，
跟水果非常合拍。
柚子跟日本茶相當對味，
做成果醬就能享用一整年。

49

煎茶口味鳳梨茶 → P.42

材料（4杯份）
普通煎茶　8g
（照片中使用平松製茶工廠的產品
「天空之山茶」）
熱水　200mℓ
冰塊　適量
鳳梨切塊　40g
百里香　2條
砂糖　10g

做法（參照P.40-41）
1 鳳梨、百里香和砂糖裝進玻璃杯當中，
　迅速混合。
2 以急須壺泡茶，注入到 1 當中。
3 添加冰塊冷卻。

★以冷泡法調製時（參照P.34-35），只要將鳳
　梨沾滿砂糖裝進玻璃杯當中，注入茶浸泡片刻
　之後，就會入味而可口。百里香不只讓外觀變
　得可愛，還能幫忙增進口氣清新。換成薄荷或
　其他香草也能做得暢快好喝。

煎茶冰沙 → P.44

材料（2杯份）
哈密瓜　100g
薄荷　4片(1～2g)
砂糖　2小匙
冷泡深蒸製玉綠茶　150g（參照 P.34-35）
（將過濾前的綠茶稍微混合，連茶葉一起秤
重使用）
（照片中使用思月園的產品「大根占產冴綠」）
裝飾用哈密瓜　2片

做法
1 哈密瓜的果肉切成2cm的塊狀冷凍。
2 薄荷、砂糖、冷泡深蒸製玉綠茶連茶葉一
　起裝進攪拌機。
3 添加 1 的哈密瓜再啟動攪拌機。
4 倒進玻璃杯當中，以1塊哈密瓜裝飾杯緣。

★這杯冰沙能在炎熱的日子裡消除身體的熱氣。
　水色放久了會改變，請在調製後飲用完畢。

煎茶果凍 → P.43

材料（6杯份）
普通煎茶　10g
（照片中使用思月園的產品「香駿」）
熱水　350mℓ
洋菜粉　5g
砂糖　20g
水　100mℓ

做法（參照P.40-41）
1 沖泡煎茶。以85～90℃的熱水靜置1分鐘。
2 洋菜粉和砂糖放進鍋裡混合，慢慢加水化
　開。接著開中火，時時攪拌至沸騰。
3 將1在過濾的同時添加及混合。
4 將1/4的分量移到方盤當中，剩下的倒進
　容器裡。
5 冷凍方盤。等容器消除餘熱後，就放進冰
　箱冷藏約5個小時。
6 果凍盛裝在容器裡，凍結的茶搗散當成配
　料。

★茶以明膠凝固後會變得白濁，使用洋菜粉凝固
　就會保留許多透明感。滑順的獨特口感也是一
　大魅力。想要做成點心時可以添加水果，或是
　檸檬糖漿、水煮紅豆等甜食。

櫻花煎茶 → P.46

材料（2杯份）
蒸製玉綠茶　4g
（照片中使用岡田商會的產品「山霧特選極
上印」）
熱水　180mℓ
鹽漬櫻花　4g
熱水　60mℓ

做法
1 鹽漬櫻花用水迅速洗去鹽分，再擦乾水分。
2 以85～90℃的熱水沖泡蒸製玉綠茶。
3 將1的櫻花裝在茶壺或其他容器裡，注入
　熱水60mℓ。
4 將2的茶倒進3當中，再分別注入湯吞杯裡。

白巧克力風味煎茶牛奶 → P.45

材料（2杯份）
深蒸煎茶　6g
（照片中使用思月園的產品「大根占產冴綠」）
水　50mℓ
牛奶　200g
白巧克力　30g
裝飾用白巧克力
（片狀巧克力削片）　少許
深蒸煎茶(裝飾用)　少許

做法
1 鍋裡裝水開火。等沸騰後就添加茶葉和牛奶溫熱，沸騰前關火，添加白巧克力，蓋上蓋子。
2 靜置30秒混合，等巧克力化開，再以濾茶網過濾。
3 將2的茶注入杯中，放上削好的巧克力，撒上茶葉。

替白巧克力削片。

漂浮煎茶 → P.44

材料（2杯份）
深蒸煎茶　6g
（照片中使用茶之葉的產品「初倉直接加工」）
熱水　180mℓ
冰塊　100g
香草冰淇淋　100g
櫻桃　2個

做法（參照P.40-41）
1 沖泡深蒸煎茶。
2 注入裝了冰的容器裡冷卻。
3 將2的茶注入玻璃杯當中，放點冰塊進去（分量外）再放上冰淇淋。接著依照喜好放上櫻桃。

★我想弄出茶的苦味，所以會熱著泡再冷卻。

柑橘茶 → P.48

材料（5杯份）
柳橙、臭橙、小夏和其他柑橘的搭配
150g
冷泡釜炒製玉綠茶　500mℓ
（參照 P.34-35）
砂糖　30g

做法
1 柑橘保留外皮滾刀切塊，再沾滿砂糖。
2 擠出的汁液連柑橘一起放進帶嘴水瓶或玻璃杯當中，注入冷泡冷茶。

★形形色色的柑橘會在冬天到春天上市，要剁成大塊加進冷泡茶當中冷卻。只要過段時間就會入味，增強水果的滋味。

焙茶食譜

咖啡焙茶 → P.54

同樣是焙煎飲品，
應該會很對味，於是就想出這道食譜。
焙茶當中蘊含咖啡的隱藏風味，
咖啡因較少，清爽容易入口。

豆漿牛奶紅豆焙茶 → P.54

我喜歡將紅豆放進焙茶牛奶混著吃。
牛奶巧克力和焙茶很搭，
添加隱藏風味之後就會變得醇厚。

咖啡焙茶 → P.52

材料（2杯份）
焙茶 6g
（照片中使用丸高農園的產品 「半發酵焙茶」）
熱水 200ml
咖啡豆 15g
熱水 150ml

做法（參照P.40-41）
1 沖泡焙茶。
2 沖泡咖啡。
3 將焙茶和咖啡倒進杯子當中。

★使用的咖啡豆或焙茶的種類及濃度不同，做出的味道就會天差地遠。我最愛的搭配是將瓜地馬拉咖啡悉心沖泡，配上半發酵的焙茶。坐著工作時會歇口氣，泡一杯來喝。撒上肉桂或是添加砂糖或牛奶之後，就能變得醇厚。

豆漿牛奶紅豆焙茶 → P.53

材料（2杯份）
焙茶 6g
（照片中使用思月園的產品「宇治焙茶」）
水 120ml
豆漿 140g
牛奶巧克力 20g
水煮紅豆 60g

做法
1 焙茶和水倒進鍋裡，開中火煮。等沸騰後就添加豆漿再加溫。
2 等冒出熱氣後就關火，添加牛奶巧克力，蓋上蓋子。
3 靜置1分鐘後就攪拌化開，再以濾茶網過濾。
4 將溫熱的煮紅豆放進事先溫熱的杯子裡，再注入3。

薑汁奶茶 → P.56

材料（2杯份）
焙茶 6g
（照片中使用丸高農園的產品「半發酵焙茶」）
水 120ml
牛奶 120ml
生薑泥 8g
蜂蜜 10g

★牛奶也可以改成豆漿。

做法
1 焙茶和水倒進鍋裡，開中火煮。
2 等沸騰後就添加牛奶再加溫，蓋上蓋子靜置片刻。
3 將生薑和蜂蜜放進溫熱過的容器裡，注入2。

印度拉茶 → P.56

材料（2杯份）
焙茶 8g
（照片中使用一保堂茶鋪的產品「極上焙茶」）
水 120ml
辛香料
| 小荳蔻（整粒） 4粒
| 肉桂棒 1條
| 丁香（整粒） 4粒
| 生薑切片 2片
| （使用印度拉茶用的混合辛香料時為
| 1/2小匙）
砂糖 10g
牛奶 120g

做法
1 焙茶和水倒進鍋裡，開中火煮。等沸騰後就添加辛香料和砂糖，以小火煮約2分鐘。
2 添加牛奶再溫熱。等冒出熱氣後就關火。
3 以濾茶網過濾，注入溫熱過的容器當中。

薑汁汽水焙茶 → P.57

材料（容易調製的分量）

薑汁焙茶糖漿

| 焙茶　8g
| （照片中使用思月園的產品「宇治焙茶」）
| 水　350ml
| 生薑　40g
| 蔗砂糖　60g

汽水（無糖）　薑汁焙茶糖漿的4倍分量

★ 可依照喜好將萊姆或酸橘果汁擠進去。

做法

1 調製薑汁焙茶糖漿。焙茶要放進較大的茶包當中。將焙茶茶包、水、生薑薄片和蔗砂糖放進鍋裡，開中火煮。等沸騰後就轉小火煮5分鐘。

2 取出茶包，放進保存瓶內，再放進冰箱冷藏。

3 冰塊（分量外）放進玻璃杯當中，將2的薑汁焙茶糖漿倒進去，添加糖漿4倍分量的汽水。

煎茶葡萄柚混合口味果凍 → P.47

材料（容易製作的分量，　約8人份）

煎茶果凍

| 蒸製玉綠茶　12g
| （照片中使用茶友的產品「彼杵茶朝夢」）
| 熱水　350ml
| 洋菜粉　5g
| 砂糖　40g
| 水　100ml

葡萄柚果凍

| 葡萄柚鮮果汁　300g
| 蜂蜜　15g
| 洋菜粉　5g
| 砂糖　30g
| 水　100ml

做法（參照P.40-41）

1 製作煎茶果凍。首先要泡茶，以80℃左右的熱水泡1分鐘再過濾。

2 洋菜粉和砂糖放進鍋裡，混合的同時加水攪拌，再開中火邊混合邊煮沸。

3 將1加進2裡混合。

4 倒進方盤，等消除餘熱後再在冰箱裡冷藏約5小時凝固。

5 製作葡萄柚果凍。首先要榨出葡萄柚的鮮果汁，倒進鍋裡添加蜂蜜開中火，加溫到冒出熱氣為止。

6 洋菜粉和砂糖放進別的鍋裡，混合的同時加水攪拌，再開中火邊混合邊煮沸。

7 將6加進5裡混合。

8 倒進方盤，等消除餘熱後再放進冰箱冷藏約5小時凝固。

9 將煎茶果凍和葡萄柚果凍盛裝在玻璃杯裡。

★以市售葡萄柚果汁代替葡萄柚鮮果汁時，沒有顆粒的口感會比較好。砂糖的分量要減半。

薑汁奶茶 →P.54

我喜歡加了蜂蜜和生薑的紅茶，
於是就也拿焙茶試試看。
雖然風味溫和，
卻放了很多生薑，
讓口感變得辛辣，成為冬天的基本款飲料。

印度拉茶 →P.54

明明是芬芳的辛香料，
牛奶的滋味卻很醇厚溫暖。
咖啡因較少，對身體也很溫和。
選擇的焙茶多多少少會改變風味，
適合滋味有點深邃的焙茶。

薑汁汽水焙茶 → P.55

薑汁汽水帶有芬芳濃郁感的成熟氣息，
成了我最近中意的家庭味。
焙茶和生薑的風味相當契合。
只需以焙茶調製薑汁糖漿即可，做法簡單。

花一道功夫讓手邊的茶更好喝

調製及享用店裡沒賣，專屬於自己的焙茶和玄米茶。

製作焙茶 ·

為了更加充分享用手邊的茶，我有時會製作成焙茶。
焙茶的狀態可以依照喜好炒出些微的香氣，也可以仔細翻炒出香味。
我也建議各位翻炒放得有點久的茶。
做法是將手邊的茶葉分1～2次鋪在平底鍋或焙烙上烘烤。
一次做很多也很花時間，沒辦法趁美味時喝完，
因此要取15g左右容易製作的分量。
飲用時，要以90℃左右的熱水迅速（萃取30秒～1分鐘）沖泡。

材料
煎茶的茶葉　15g（淨重）

做法

1

茶葉以濾鍋篩過，只用殘留在濾鍋上的茶葉製作。從濾鍋篩落的茶葉會變成粉末，容易烤熟燒焦。去除之後即可均勻加熱。假如全部都是小片的茶葉，就要小心別燒焦。

2

鋪在平底鍋上（或是放進焙烙當中），以較強的遠火烘烤及搖晃平底鍋的底部。雖然有點花時間，但是慢慢加熱比較能夠均勻烤熟。等茶葉的綠色逐漸變成極淺的褐色，飄散芬芳的香氣後就離開火源。

製作玄米茶 ···

煎茶或焙茶只要添加糙米再沖泡，就會變成自家製的
玄米茶。有的茶屋會販賣炒過的糙米，只要取得這項
產品，就可以用喜歡的茶製作玄米茶。

原本製作餅乾時就會買糙米放著當堅果用，跟手邊的
茶搭配後，就可以時時享用獨創的玄米茶。另外，糙
米也可以用在茶泡飯或紅豆湯的配料上，有了它就很
方便。

最近有些日本茶茶館受理一項服務，就是在嚐過茶本
身的滋味之後，將糙米添加到急須壺中泡第2～3次，
享受截然不同的風味。原來這樣的喝法也行得通，真
是令人吃驚。

糙米是乾燥的，但考慮到這跟日本茶一樣不太耐放，
還是要在開封後兩個星期內用完。使用前只要以平底
鍋翻炒就會冒出香氣。雖然要花一道功夫，不過房間
也會冒出美味的香氣，提振心情，當著客人的面前炒
好也會賓主盡歡。首先請嘗試添加與茶葉等量的糙米
到急須壺當中。熟練後，糙米的量就可以依照喜好增
減。

糙米在平底鍋上翻炒。

準備等量的茶葉（右）和糙米（左）。

抹茶食譜

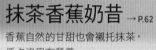

抹茶香蕉奶昔 → P.62

香蕉自然的甘甜也會襯托抹茶，
低卡洛里有營養，
是冷著喝會很可口的大分量飲料。
當作瘦身飲料喝的時候，
要以豆漿代替牛奶。

抹茶牛奶果凍與椰奶抹茶果凍 → P.62

邊喝邊吃，是飲料卻也是甜點，讓人開心的點心飲料。

抹茶配牛奶果凍，椰奶配抹茶果凍，兩種搭配任君選擇。

抹茶香蕉奶昔 →P.60

材料（2杯份）
香蕉　100g（淨重）
抹茶　2g
（照片中使用丸久小山園的產品「和光」）
熱水　10mℓ
冷水　60mℓ
牛奶　100g
裝飾用香蕉　適量

做法

1 香蕉切成1cm厚，事先冷凍。

2 抹茶篩進大碗裡，添加熱水10mℓ混合，等冒出香氣後就添加冷水，好好點沏。

3 將2的抹茶、牛奶和1的香蕉裝進攪拌機混合。

4 注入玻璃杯當中，依照喜好以香蕉裝飾。

椰奶抹茶果凍 →P.61

材料
抹茶果凍（容易製作的分量，　約4人份）
　抹茶　2g
　（照片中使用丸久小山園的產品「和光」）
　熱水　150mℓ
　洋菜粉　2.5g
　砂糖　10g
　水　50mℓ
椰奶（2杯分）
　椰奶粉　10g
　熱水　160mℓ
　砂糖　10g
　牛奶　100g

做法

1 製作抹茶果凍。將篩過的抹茶放進容器裡添加熱水，以茶筅點沏。

2 洋菜粉和砂糖放進鍋裡混合均勻，加水化開。

3 開中火攪拌至沸騰，添加1混合。

4 倒進方盤當中，等消除餘熱後，就放進冰箱冷藏及凝固。

5 調製椰奶。椰奶粉放進大碗裡以熱水化開，添加砂糖再冷卻。然後就添加牛奶混合。

6 將椰奶注入玻璃杯當中，邊搗碎4的抹茶果凍邊盛裝。

抹茶牛奶果凍 →P.61

材料
牛奶果凍（容易製作的分量，　約4人份）
　牛奶　150g
　洋菜粉　2.5g
　砂糖　10g
　水　50mℓ
冷抹茶（2杯份）
　抹茶　2g
　（照片中使用丸久小山園的產品「和光」）
　砂糖　10g
　水　10mℓ
　熱水　60mℓ
　冰塊　80g

做法

1 製作牛奶果凍。將牛奶倒進鍋裡加溫（不要沸騰）。

2 洋菜粉和砂糖放進別的鍋裡混合，加水充分化開。

3 開中火攪拌至沸騰，再添加1的溫牛奶混合。

4 倒進方盤當中，等消除餘熱後，就放進冰箱冷藏及凝固。

5 點沏冷抹茶。將篩過的抹茶放進大碗裡，添加砂糖和水充分攪拌。然後添加熱水，邊弄出香氣邊點沏。接著添加冰塊冷卻。

6 將5的冷抹茶注入玻璃杯當中，邊搗碎4的牛奶果凍邊盛裝。

草莓牛奶抹茶 → P.64

材料（2杯份）
抹茶　2g
（照片中使用丸久小山園的產品「和光」）
砂糖　10g
熱水　10mℓ
水　60mℓ
草莓　60g
砂糖　10g
牛奶　100g
冰塊　適量

做法
1 將篩過的抹茶放進容器裡，添加砂糖和熱水，以茶筅攪拌。
2 加水以茶筅打出泡沫，再注入玻璃杯當中。
3 將草莓、砂糖和牛奶裝進攪拌機混合。
4 將3注入2的玻璃杯當中，依照喜好放冰塊進去。

★沒有新鮮草莓時，換成草莓果醬和牛奶（草莓果醬70g，牛奶100g）也很好吃。我經常在草莓的季節調製草莓果醬，清洗小顆的草莓切除果蒂，再以其重量四成的砂糖和少許檸檬汁熬乾。只要將砂糖撒在草莓上靜置一晚再煮，就會保留草莓的形狀。

抹茶汽水 → P.64

材料（2杯份）
抹茶　2g
（照片中使用丸久小山園的產品「和光」）
和三盆糖（或砂糖）　10g
熱水　10mℓ
薄荷　2g
汽水（無糖）　100mℓ
冰塊　適量
裝飾用薄荷　適量

做法
1 將篩過的抹茶與和三盆糖裝進大碗裡，添加熱水，以茶筅攪拌。
2 將1的抹茶和薄荷放進玻璃杯當中，注入汽水。
3 添加冰塊，再以薄荷裝飾。

抹茶熱巧克力 → P.65

材料（1～2杯份）
抹茶　2g
（照片中使用丸久小山園的產品「和光」）
熱水　70mℓ
半甜巧克力　20g
熱水　70mℓ
鮮奶油　40g

準備
＊打發鮮奶油，裝進擠花袋裡。
＊雕刻裝飾用巧克力。

做法
1 將篩好的抹茶放進容器裡，添加熱水70ml點沏。
2 半甜巧克力放進大碗，添加熱水70ml，用打蛋器拌勻化開。
3 將2放進加溫過的容器中，倒入1的抹茶。
4 將鮮奶油擠進去。

★可以的話，巧克力要用法芙娜公司（VALRHONA）的「CARAQUE」。

抹茶拿鐵 → P.65

材料（1杯份）
抹茶　2g
（照片中使用丸久小山園的產品「和光」）
水　10mℓ
牛奶　120g
檸檬皮刨片　2片
和三盆糖　5g
裝飾用檸檬皮泥　適量

做法
1 抹茶篩好放進容器當中，加水攪拌。
2 牛奶倒進鍋裡，添加檸檬皮與和三盆糖，加溫到冒出熱氣為止。
3 將2注入1當中，以茶筅點沏。
4 將磨成泥的檸檬皮撒上去。

★這杯飲料牛奶感滿點。換成豆漿也行。

草莓牛奶抹茶 → P.63

將抹茶與草莓的酸味和香氣搭配。

抹茶汽水 → P.63

抹茶的苦味與深淺不一的綠色賞心悅目，
宛如莫希托雞尾酒。

抹茶熱巧克力 → P.63

抹茶和半甜巧克力，不會太甜的成熟搭配。

抹茶拿鐵 → P.63

只要在抹茶當中添加柑橘皮的香氣，
就會突然間變得更芬芳。

和紅茶×牛排配薯條 → P.36

材料（1人份）

牛排
- 菲力　150g
- 鹽巴　少許
- 胡椒　少許
- 橄欖油　1小匙
- 芥末粒醬　1小匙

薯條
- 馬鈴薯　中2個
- 米糠油　適量
- 鹽巴　少許

做法

1 菲力以鹽巴和胡椒調味，平底鍋加溫淋上一層橄欖油，煎烤雙面。假如較厚的話就先拿起來一次，靜置3分鐘左右後再度煎烤，如此配合厚度重複多次之後，就會煎出恰到好處的熟度。

2 馬鈴薯蒸到整顆變軟為止再去皮，切成棒狀。等確實冷卻後就以高溫米糠油來炸，這樣裡面就會變甜變軟，口感濃稠，周圍酥脆。起鍋時再撒鹽。

3 盛裝牛排和薯條，添加芥末粒醬。

★以烤牛肉代替牛排也很對味。
★茶是將東三浦園的產品
　「手摘和紅茶　春摘」冷泡而成。

釜炒製玉綠茶×奶油煎魚 → P.37

材料（1人份）
- 白身魚(鱸魚或鯛魚等)　1片
- 鹽巴　少許
- 胡椒　少許
- 橄欖油　2大匙
- 南瓜　2片
- 蘆筍　2條
- 蒔蘿　1條
- 白酒　1大匙
- 鮮奶油　2大匙

做法

1 魚排以鹽巴和胡椒預先調味。平底鍋上用1大匙橄欖油淋成一層，從外皮迅速煎烤雙面。

2 移到方盤當中，將蒔蘿跟蔬菜一起放上去，繞圈淋上1大匙橄欖油。以200℃的烤箱烘烤10～15分鐘。

3 將魚排從方盤上拿起來，放白酒和鮮奶油進去再刮下來，倒回平底鍋熬乾，調製成醬汁再淋到魚上。

★單單擠檸檬汁代替醬汁也很美味。
★茶是將宮 茶房的產品

「有機釜炒茶　先綠」冷泡而成。

煎茶×孜然風味高麗菜鹹派 → P.38

材料（18cm的烤模1個份）

派皮麵團
- 低筋麵粉　60g
- 高筋麵粉　60g
- 鹽巴　2g
- 奶油(不使用食鹽)　75g
- 水　45g

餡料
- 高麗菜　1/2個
- 起司　50g
- 培根　80g
- 孜然　1/2小匙

法式蛋奶醬麵糊

| 蛋 2個
| 鮮奶油 90g
| 牛奶 90g
| 鹽巴 1/2小匙
| 胡椒 少許

做法

1 製作派皮麵團。用食物處理機攪拌低筋麵粉、高筋麵粉、鹽巴、奶油，等到滑順之後再加水迅速混合。接著以保鮮膜包裹，放進冰箱冷藏30分鐘。

2 將派皮麵團放在撒了手粉（分量外的高筋麵粉）的平臺上，延展成2cm厚的球形，再鋪到烤模上，放進冰箱醒麵2個小時。

3 將烘焙紙鋪在2的上面再放上重物，放進事先加溫到200℃的烤箱烘烤20分鐘，接著拿掉烘焙紙和重物再烤10分鐘，事先乾烤麵團。等冷卻後就將麵團從模型中取出來。

4 將3的烘焙紙鋪回模型當中，再把乾烤的麵團放到上面（只要在鹹派烤好時連烘焙紙一起提起來，就可以輕鬆取出，不會碰壞）。

5 高麗菜1/2個連菜心一起切成6等分的月牙形，放進600w的微波爐，加熱6分鐘軟化。

6 將起司50g（喜歡的起司絲／格呂耶爾起司、埃文達起司或披薩用的綜合起司等）鋪在4的麵團上，高麗菜擺成花朵狀，把培根插進去，撒滿孜然。

7 將法式蛋奶醬麵糊的材料放進大碗裡攪拌，用濾鍋過濾後倒進6當中，再以事先加溫到160℃的烤箱烘烤45分鐘。

8 等消除餘熱後就從模型中拿出來，連烘焙紙一起放在蛋糕散熱架上冷卻。

★茶是將茶友的產品
「彼杵茶　朝夢」冷泡而成。

焙茶×
山茼蒿培根法式鹹蛋糕 → P.39

材料（18cm×8cm×6cm的磅蛋糕模1個份）
麵團

| 豆漿 60g
| 砂糖 10g
| 鹽巴(雪鹽) 1小匙
| 水煮山茼蒿 60g
| 蛋 1個
| 橄欖油 40g
| 低筋麵粉 100g
| 發粉 1小匙
培根 3片
起司片 2片
水果番茄 2個

準備

＊模型鋪上烘焙紙。
＊烤箱加溫到170℃。

做法

1 豆漿、砂糖、鹽巴、水煮山茼蒿和橄欖油用攪拌機攪拌成泥狀。

2 打蛋進大碗裡攪拌之後，就添加1的菜泥攪拌，再將低筋麵粉和發粉篩進去混合。

3 將一半的麵團放進模型當中，疊上各一半的培根、起司片和番茄薄片，等剩餘的麵團放進去鋪平之後，再疊上剩餘的培根、起司片和番茄薄片。

4 放進170℃的烤箱烤40分鐘。然後從模型中拿出來，連烘焙紙一起放在蛋糕散熱架上冷卻。

★茶是丸高農園的產品「半發酵焙茶」。
無論是冷泡或熱著沖泡再冷卻都可以。

和紅茶食譜

柳橙冰鎮紅茶 → P.70

顏色澄澈美麗的冷泡和紅茶，
只需加上柳橙的果肉就會做出這道飲料。
柳橙放進去靜置的時間會改變滋味。
每逢季節一到，我就會經常拿愛媛縣宇和島的塔羅科血橙調製。
外皮則會調製成柳橙啤酒，用在點心上。

枇杷紅茶 →P.70

果實酒「枇杷酒」
以枇杷製成，卻散發杏仁的香氣，
加進和紅茶之後就會相當好喝。
果實酒與和紅茶很搭，
各位也不妨拿喜歡的果實酒試試看。

金橘茶 →P.70

自從我在教室當中介紹金橘蜜餞之後，
幾乎所有學員都會三不五時在家裡製作。
金橘蜜餞既適合配點心，也可以加進優格當中。
假如放進和紅茶裡，就可以用湯匙舀起來邊吃邊喝。

柳橙冰鎮紅茶 → P.68

材料（容易調製的分量，約5杯份）

日本國產柳橙
（臍橙或塔羅科血橙等） 150g
砂糖 25g
冷泡和紅茶 500mℓ
（照片中使用 三浦園的產品
「手摘和紅茶 春摘」）

準備
事先調製冷泡和紅茶（參照P.34-35）。

做法
1 柳橙去皮，切成較小的一口大小。
2 將1的柳橙和砂糖25g加進冷泡和紅茶攪拌
　均勻。

金橘茶 → P.69

材料（2杯份）

和紅茶 6g
（照片中使用丸子紅茶的產品
「丸子紅茶紅光」）
熱水 240mℓ
金橘蜜餞 喜歡的分量

準備
事先製作金橘蜜餞（參照下述步驟）。

做法（參照P.40-41）
1 依照分量沖泡和紅茶。
2 將金橘蜜餞放進溫熱過的杯中，注入1的
　和紅茶。

金橘蜜餞
材料（容易調製的分量）
金橘 100g
蜂蜜 30g

做法
1 金橘切成薄薄的圓片再去籽。
2 將1裝進容器，淋上蜂蜜靜置一晚。然後
　放進冰箱保存，在1個星期內用完。

枇杷紅茶 → P.69

材料（2杯份）

和紅茶
（照片中使用井村製茶的產品
「金谷和紅茶桃香Premium Leaf」） 5g
熱水 240mℓ
枇杷酒 1大匙（或喜歡的分量）

準備
事先調製枇杷酒（參照下述步驟）。

做法
1 依照分量沖泡和紅茶（參照P.40-41）。
2 將和紅茶注入溫熱過的容器裡，添加枇杷
　酒。

枇杷酒
材料（容易調製的分量）
枇杷 500g
冰糖 300g
白色基酒
（或是同樣酒精濃度的燒酒） 750mℓ

做法
1 將枇杷和冰糖裝進瓶口較小的乾淨瓶子
　裡，注入白色基酒。
2 表面以保鮮膜牢牢封好，再蓋上蓋子，靜
　置3個月以上。

將冰砂糖、枇杷和白色基酒裝進乾淨的瓶子裡。

黑糖寒天臺式奶茶 → P.72

材料（2杯份）
黑糖寒天（容易製作的分量，約4人份）

| 水　200㎖
| 寒天粉　2g
| 黑糖　40g

和紅茶　6g
（照片中使用井村製茶的產品
「金谷和紅茶桃香 Premium Leaf」）

熱水　100㎖

砂糖　5g

冰塊　100g

牛奶　40g

做法

1 製作黑糖寒天。將水和寒天粉倒進鍋裡，用鏟子邊攪拌邊開小火煮。等沸騰後就以小火煮2分鐘，添加黑糖混合及化開。接著倒進方盤，等消除餘熱後就放進冰箱冷藏。

2 沖泡和紅茶。和紅茶倒進壺裡注入熱水，蓋上蓋子靜置2分鐘再過濾。

3 添加砂糖混合及化開，再添加冰塊攪拌均勻及冷卻。

4 將1的黑糖寒天切成1cm的塊狀，適量放進玻璃杯當中，注入和紅茶與牛奶。

巧克力奶茶 → P.73

材料（2杯份）
和紅茶　6g
（照片中使用井村製茶的產品
「金谷和紅茶桃香 Premium Leaf」）

水　120㎖

牛奶　120g

牛奶巧克力（板狀）　20g

牛奶　80g

裝飾用

乾燥的鬼燈檠　少許

★裝飾時可以用喜歡的香草、粉紅胡椒、佛手柑皮泥等等。

做法

1 把水與和紅茶倒進鍋裡，開中火煮。等沸騰後就關火，蓋上蓋子靜置1分鐘，添加牛奶120g加溫，再以濾茶網過濾。

2 牛奶巧克力放進溫熱過的容器裡，將1注入及混合。

3 以別的鍋子替牛奶80g溫熱到冒泡，注入到2當中。

4 以乾燥的鬼燈檠裝飾。

草莓奶茶 → P.73

材料（2杯份）
草莓　30g
和紅茶　6g
（照片中使用東三浦園的產品
「手摘和紅茶　春摘」）

水　180㎖

砂糖　10g

牛奶　60g

裝飾用

草莓　1粒

做法

1 草莓去蒂切成薄片。

2 將水倒進鍋裡煮沸，添加和紅茶、草莓和砂糖，蓋上蓋子靜置2分鐘。

3 將2過濾後，注入到溫熱過的容器裡。

4 用小鍋子替牛奶加溫，用打蛋器（或茶筅、奶泡機及其他工具）打發，迅速倒在3的表面上。裝飾用的草莓要切成薄片，使其浮在上頭。

黑糖寒天臺式奶茶 →P.71

將黑色珍珠放進奶茶的臺灣茶，
改用和紅茶與黑糖寒天調製就會變成日式茶。
只要將製成固態的黑糖寒天
切成小塊，用吸管吸食之後，
些微的甘甜就會擴散開來。

草莓奶茶 →P.71

草莓酸酸甜甜的香氣
溶入和紅茶當中。
切成薄片的草莓
就浮在打發後鬆綿的奶泡上。

巧克力奶茶 →P.71

風味醇厚溫順的和紅茶
跟牛奶巧克力相當合拍。
牛奶上也可以裝飾亮麗的乾燥鬼燈檠、
柳橙或檸檬皮。

柚香煎茶 → P.49

材料（2杯份）

釜炒製玉綠茶　6g

（照片中使用丸高農園的產品

「本山香茶　香壽」）

熱水　260mℓ

柚香果醬　每1杯約2小匙

準備

事先調製柚香果醬（參照下述步驟）。

做法（參照P.40-41）

1 以85～90℃的熱水沖泡釜炒製玉綠茶。

2 柚香果醬裝進溫熱過的容器裡，注入茶。

柚香果醬

材料（容易調製的分量）

柚子　2個(淨重150g)

砂糖　120g

做法

1 柚子皮清洗乾淨，切成8等分。然後取出
　果肉去籽，剁成大塊。果籽放進茶包裡。
　果皮要將綿狀物削乾淨，切成極細的絲。

2 將果皮放進裝了水的鍋裡開火，燙過2次
　倒掉水之後，再泡進乾淨的水裡開小火煮
　20分鐘。

3 將1的柚子果肉和稍低於食材的水裝進別
　的鍋裡，添加果籽茶包開小火煮。

4 取出果籽茶包，將2連汁液一起加進3的
　鍋裡，與果肉匯合，再添加砂糖熬乾。要
　煮沸到呈稀水黏糊狀，發出咕嚕咕嚕的聲
　音。

★想要在冬天期間熬煮，稍微放鬆時就丟進茶
　裡，享受美麗的配色和風味。

丹桂糖漿茶 → P.48

材料（2杯份）

釜炒製玉綠茶　6g

（照片中使用井之田製茶北 茶園的產品

「高千穗釜炒茶　天花」）

熱水　240mℓ

丹桂糖漿　1大匙

準備

事先調製丹桂糖漿（參照下述步驟）。

做法（參照P.40-41）

1 以85～90℃的熱水沖泡釜炒製玉綠茶。

2 丹桂糖漿裝進玻璃杯裡，注入茶。

★也可以將桂花酒煮沸，蒸發酒精的部分，代替
　丹桂糖漿加進去。

丹桂糖漿

材料（容易調製的分量）

丹桂　100g

水　300mℓ

砂糖　300g

做法

1 丹桂要在盛開時期之前摘取花朵，去除莖
　部和灰塵，準備100g。然後在水中清洗乾
　淨，拿進濾鍋當中，再擦乾水分。

2 將水、砂糖和1的丹桂放進鍋裡煮沸一次。
　然後裝在煮沸過的瓶子裡，抽出空氣，再
　放進冰箱保存。

★攝影用的糖漿不是自己的，而是從朋友那邊
　拿到的（謝謝！）。這下期盼的食譜提案終
　於完成，能夠把糖漿放進茶裡享用了。淋在
　煎茶茶凍上也很好吃。為了喝1杯茶而等待丹
　桂開花的時間、調製糖漿的時間和泡茶的時
　間，統統都讓人覺得很開心。

關於玉露

你飲用過玉露真正的滋味嗎?

　　最近有點特別的寶特瓶茶會標示「含玉露」,或許玉露就是眾人心中的高級煎茶。但若泡玉露泡得跟喝煎茶時一樣,那就太可惜了。

　　容我介紹玉露和煎茶不同的美味沖泡法。急須壺要使用雙手手掌能夠完全包覆的小型製品,以便讓茶葉充分吸收熱水和舒展,泡出滋味。將8g玉露(預估約3人份)放進去,每泡1次就注入50ml的熱水,泡到3次為止。第1泡要將50ml的熱水冷卻到50℃再注入急須壺當中,蓋上蓋子靜置2分鐘後就注入湯吞杯裡。從壺嘴倒出的茶少之又少,湯吞杯也要選用比「清酒杯」還要小的產品,感覺比較美味可口。滿滿的濃郁鮮味只能慢慢喝完,濃稠的醇厚滋味想必會讓以往沒飲用過的人感到驚訝,滋味和香氣顛覆了從前的印象。第2泡要以60℃靜置1分鐘,第3泡要以70℃靜置1分鐘(假如沖泡量比這還少,就沒辦法泡得好喝了)。

　　玉露的茶葉和抹茶的栽培方式一樣,當然多半在抹茶的產地製造。雖然玉露的由來眾說紛紜,但也有一說認為是嘗試將原本培育來做成抹茶的茶葉,以類似普通煎茶的方式製造。栽培的茶葉至少要在採摘的兩個星期之前,搭棚遮蓋茶樹的上方,使其在陰涼底下生長,所以培育出來的茶在採摘時的鮮味遠比其他煎茶多。為了充分品嚐鮮味繁多的特色,要以相當低的水溫沖泡。

　　茶葉泡了3次終於完全舒展之後,就會變成鮮艷美麗的綠色茶葉,看起來似乎很好喝。其實,飲用完畢後的茶葉吃起來也美味,還能當成蔬菜用在料理上。光是淋上果酸醋就會變成小菜。下一頁會介紹用到玉露茶葉的簡單食譜(就如上述所言,泡過3次的茶葉約為40g)。

◆冷泡時要將10g玉露放進容器裡,注入
　500ml的水,再放進冰箱靜置12個小時。

75

使用泡完玉露後的茶葉烹飪的料理

使用的茶葉是泡過3次的玉露。
玉露的茶葉就如蔬菜般柔嫩，能夠完整吃到茶葉的營養。

佃煮
↓
P.78

一口大小韓式煎餅
↓
P.78

涼拌碎豆腐
↓
P.78

馬鈴薯沙拉吐司
↓
P.78

使用焙茶和煎茶的米飯料理

含有日本茶風味的米飯創意。

焙茶飯糰
↓
P.79

煎茶燉飯
↓
P.79

佃煮 → P.76

材料（容易調製的分量）

小魚乾　適量

米糠油　少許

玉露的茶葉（照片中使用思月園的產品「心」）（8g的茶葉泡完3次飲用後的殘渣）40g

醬油　10g

味醂　10g

水（或昆布柴魚高湯）　20g

做法

1 將少量的米糠油倒入小鍋，加上小魚乾翻炒。

2 添加玉露的茶葉、醬油、味醂和水，熬乾到水分消失為止。

★蓋在炊煮的米飯上或做成茶泡飯也很好吃。

馬鈴薯沙拉吐司 → P.76

材料（2人份）

馬鈴薯　200g（中2個份）

洋蔥　20g

玉露的茶葉（照片中使用思月園的產品「心」）（8g的茶葉泡完3次飲用後的殘渣）　40g

美乃滋　30g

原味優格　2小匙

鹽巴　少許

胡椒　少許

薄片麵包　2片

奶油　適量

水煮蛋　1個

做法

1 馬鈴薯去皮蒸到軟化為止，再切成一口大小。洋蔥切成薄片，泡水去除澀味，再裹在毛巾裡擠乾水分。

2 將1的馬鈴薯、洋蔥、茶葉、美乃滋、原味優格、鹽巴和胡椒加進大碗裡攪拌。

3 薄片麵包烤成焦黃色，塗上奶油，再將2的馬鈴薯沙拉和切成6等分的水煮蛋放上去。

涼拌碎豆腐 → P.76

材料（2人份）

玉露的茶葉（照片中使用思月園的產品「心」）（8g的茶葉泡完3次飲用後的殘渣）　40g

鹽巴　一撮

紅蘿蔔　1/3條

木棉豆腐　80g

（裹在毛巾裡擠乾水分）

高湯醬油　1小匙

白芝麻醬　10g

白芝麻　適量

做法

1 茶葉放進大碗，撒一撮鹽巴混合。

2 紅蘿蔔切成火柴棒大小，迅速水煮。

3 木棉豆腐去除水分放在另外的大碗裡，加入高湯醬油和白芝麻醬混合到滑順，再添加1的茶葉和2的紅蘿蔔攪拌，撒上白芝麻。

一口大小韓式煎餅 → P.76

材料（10片份）

馬鈴薯　120g

（去皮磨泥的淨重）

低筋麵粉　30g

鹽巴　兩撮

玉露的茶葉（照片中使用思月園的產品「心」）（8g的茶葉泡完3次飲用後的殘渣）　40g

櫻花蝦（有的話）　10g

芝麻油　2小匙

做法

1 馬鈴薯磨泥放進大碗裡，添加低筋麵粉混合。然後加上鹽巴混合，再加入茶葉和櫻花蝦混合。

2 平底鍋加溫淋上一層芝麻油，將1的麵團捏成一口大小丟下去煎。然後再翻面，煎到兩面酥脆。

★可以直接吃，也可以沾上柑橘醋或醋醬油再吃。

焙茶飯糰 → P.77

材料（2杯量米杯份， 約9人份）
焙茶　10g
（照片中使用茶之葉的產品「焙茶100」）
熱水　500mℓ
米　2杯
鹽巴　一撮
鹽昆布　適量
加工起司　15g
梅乾　3個

做法

1 洗米再倒進濾鍋。

2 以基本沖泡法(參照P.40-41)泡焙茶。

3 等2的材料消除餘熱後，就跟 1 的米一起放進電鍋，添加鹽巴混合炊煮。

4 等炊煮完畢後，就馬上添加1/3量的鹽昆布混合蒸熟。

5 將米飯分別捏成3個飯糰，1個飯糰的分量將近1碗茶碗。起司切成1個5g的塊狀，添加在飯裡迅速混合捏好，再用手指捻起焙茶(分量外)裝飾。梅乾要適量嵌進正中央捏好。

★以帶有些微香氣的焙茶飯做成質樸的飯糰。做成烤飯糰或用海苔捲起來也很好吃。

煎茶燉飯 → P.77

材料（2人份）
夏南瓜　100g（1/2條）
雞湯　300ml
米飯(煮硬)　200g
橄欖油　1大匙
深蒸煎茶　4g
（照片中使用思月園的產品「大根占產冴綠」）
帕瑪森起司　20g
裝飾用
　帕瑪森起司　10g
　橄欖油　1小匙
　深蒸煎茶　兩撮

做法

1 帕瑪森起司切成2mm的圓片。

2 將湯倒進鍋子裡，等沸騰後就添加米飯、夏南瓜和橄欖油，煮到米飯吸收一半湯汁為止。

3 添加4g茶葉迅速混合後，就加上帕瑪森起司混合。

4 盛裝在容器裡，撒上裝飾用的起司和橄欖油。最後再用手指捻起茶葉輕輕撒上去。

★這道菜可以迅速做好，完整享受茶的美味。

我愛用的泡茶工具

一旦喜歡上茶，也就會想要蒐齊容易使用，能夠美味沖泡的泡茶工具。

只要有優質的急須壺和大小適中的湯吞杯，就可以泡出更好喝的茶。我在挑選急須壺時一定會看附著在壺嘴根部的濾茶網部分。將茶葉過濾乾淨非常重要，我會尋找小孔從內側朝外側開口的產品。另外，假如急須壺的形狀帶有弧度，就可以順利容納茶水。只要使用容易攜帶、尺寸不會太大的急須壺，即可用洗鍊的動作輕鬆泡茶。

我愛用的多半是常滑燒瓷器。先前從陳列在茶屋的大量急須壺中選了黑色的產品（1、2）。褐色急須壺是由水野博司先生製作（3），雖然開口很多，但連細小的茶葉也能完全過濾和沖泡。白色小型急須壺則常用於沖泡玉露或烏龍茶時，是山下真喜先生的作品（4）。

長柄湯匙（5）由丹麥的「Kay Bojesen」製造，我喜歡用這個舀取和測量茶葉。湯冷杯則是由山下真喜先生製作，也可以用來當成帶嘴酒壺或水瓶。茶罐（7）和過濾抹茶的茶篩罐（8）是在「茶之葉」買來的。計時器（9）為「無印良品」製。濾茶網（10）則是看上了竹製握柄，於是就在巴黎的紅茶店購買而得。

喝煎茶用的湯吞杯，要選擇內裡純白可以清楚看見茶水顏色，輕薄到可以感覺出纖細的滋味，容量約為60～70ml的小型產品，以便慢慢品茗。假如有素樸而厚實的湯吞杯，能在較熱的溫度下充分品嚐焙茶和其他茶飲就會很方便。湯吞杯不只用來喝茶，也可以當作測量熱水分量，降低熱水溫度的工具。

照片中小巧的湯吞杯分別是山下真喜先生製（11）、花岡隆先生製（12），以及丹麥 Anne Black 製的產品（13）。

茶托為木製品（14），是在「福光屋」以尋寶的方式挑選購得。玻璃茶杯（15）是在「Conran Shop」買來的，用來測量熱水，或是泡了比較多的茶時斟茶用。

關於日本茶的種類

　　日本茶是在日本製造的茶當中，以山茶科茶樹的樹葉製成的產品。日本茶的命名多半以製造方法、部位、加工、產地、品種和其他特徵搭配而成，假如事先知道特徵，就可以當作挑選時的參考。

　　日本茶的製造方法會改變外觀和滋味，所以大致上會以製造方法分類。「普通煎茶、深蒸煎茶、蒸製玉綠茶、釜炒製玉綠茶、玉露、碾茶（抹茶）、和紅茶、番茶」之類的茶種就是如此。

　　日本茶的製造工法要經過以下步驟才會完成：

　　栽培茶樹→採摘茶芽→加熱（用蒸氣蒸、用鍋子炒）停止氧化發酵（殺青）→揉乾（粗揉）→施加力道搓揉（揉捻）→調整形狀及弄乾（精揉）→弄乾（乾燥）→調整剩餘的水分和形狀（最後加工）

　　假如改變工法當中的一部分，做好的茶也會不同，依照上面介紹的方式分類。

　　除了製造方法之外，還有的分類是根據製造煎茶和玉露時選擇茶的哪個部位。像是「莖茶、雁音、芽茶和粉茶」等等。

　　另外也有「焙茶和玄米茶」之類的產品，能夠在製造的茶上另外施行新的加工。

　　其他還有依照產地的名稱或茶樹的品種標示和分類。前者有「八女茶、知覽茶、宇治茶、靜岡茶、狹山茶」等等，後者則有「藪北、冴綠、朝露、露光、紅光」等等。

　　日本茶就像這樣五花八門，每種茶的香氣、水色、滋味當中明顯的鮮味、甘甜、澀味和其他地方都不同。

　　以下介紹本書使用茶種的基本特徵。

♨普通煎茶
以一般方式製造的茶。摘取茶的新芽，蒸煮後殺青，再揉乾搓成針狀。甜味、鮮味和澀味取得了平衡。

優質的茶用了溫度稍低的涼開水沖泡後就會誘發出鮮味。

主要流行於京都和關西其他地區。

♣ 深蒸煎茶

摘取茶葉後，要蒸煮得比普通煎茶久一點再殺青，揉乾搓成棒狀的茶。

蒸久之後纖維會鬆開，所以葉片會變細。

茶葉纖細，滋味會突然冒出來，帶有濃郁感，格外醇厚。

悉心沖泡後當然美味，但就算熱水冷卻得不夠充分，也可以巧妙沖泡。

水色是濃濃的深綠色。

關東、靜岡、鹿兒島等地喜歡的茶。

♣ 蒸製玉綠茶

摘取茶葉後蒸煮，殺青，揉乾後形狀扭曲的茶。

甘甜帶有鮮味，又不會太濃，最近很受歡迎。

水色為深綠色。

長崎和佐賀等地也會製作成深蒸玉綠茶，眾所矚目。

♣ 釜炒製玉綠茶

摘取茶葉後鍋炒，殺青，揉乾後形狀扭曲的茶。表面會顯得有點白。

飄散甘甜的香氣，滋味暢快。

以稍微高一點的溫度沖泡後，就會誘發更多香氣。

水色是清澈美麗的黃色。

♣ 玉露

外型優美的深綠針狀茶。就如碾茶（抹茶）一樣，摘取前會覆蓋遮陽培育的茶葉，要以普通煎茶的製造方式做最後加工。

能夠感受到濃郁的鮮味和甘甜。

水色為淺黃綠～綠色。

♣ 焙茶

這種茶是將各種製造完畢的茶再次烘焙（焙煎）而成。

風味芳香，咖啡因也很少，容易入口。

有些產品只挑莖部薈萃而成。烘焙的方式會改變色澤、濃郁度和甘甜。

以高溫沖泡會特別芳香，放涼之後則可以暢快飲用。

水色為褐色。

♣ 和紅茶

使用摘取後氧化發酵的茶葉，以紅茶的工法製造。

滋味和香氣都很甘甜，澀味稀少，感覺得出柔和的氣息。

水色為美麗的紅褐色。

♣ 番茶

當地傳統茶飲，契合各大飲食文化。

關東有時會以番茶指稱廉價的煎茶。

番茶帶有地域性，有的在發酵之後蘊含乳酸菌，帶有酸味，有的會散發煙燻的香氣，有的則是會起泡的飲料，變化豐富。

咖啡因稀少，能夠充分享用也是一大魅力。

水色為褐色～綠色。

種類有阿波番茶、碁石茶、泡泡茶等等。

♣ 碾茶（抹茶）

使用摘取前會覆蓋遮陽培育的茶葉，蒸煮葉片後直接烘乾，這就是抹茶研磨前的材料。未經加工就銷售的產品不多。

以石臼磨成粉之後就是抹茶。石臼磨出的粒子形狀複雜，入喉感佳，滋味深邃。優質貨感覺更甘甜。

水色為鮮綠色。

最近以單一品種製成的品種茶開始受到矚目。

現在幾乎所有的日本茶都是以優良的品種「藪北」製造而成，既美味又容易栽培。單以「藪北」製造的茶個個都千篇一律，還是錯開收穫時期比較好。基於這一類的理由，專業機構長年持續改良品種，開創出五花八門的產品。其中誕生了色香味特徵各異的茶，包括水色為鮮綠色，苦味和澀味不多，散發豆香、花香、果香或蜜香的茶。「冴綠、朝露、夢若葉、春萌黃、藤香、蒼風、奧綠、露光、紅光、紅富貴」這一類的品種茶獲得矚目，也拓展了居家喝茶的滋味範疇。

我經常選擇的普通煎茶是芬芳如花的「藤香」，與其他特徵為些微香氣的品種，深蒸煎茶則是賞心悅目的綠色「冴綠」。這些茶會啟發對品種茶的興趣，容易沖泡，最重要的是青翠甘甜的滋味很討喜。和紅茶則偏愛「紅光」，溫和的風味與點心相當對味。

關於茶的保存

茶怕光線和溼氣，容易氧化，開封後要在一個月以內喝完。我會在開封後將一星期的分量放進茶罐裡，剩下的則要妥善封好，盡量去除袋中的空氣，放在日光照射不到的陰暗處。

假如將開封後的茶連袋子一起冷凍，開封時就不要從冰箱拿出來立刻打開。只要先移到冰箱一天，再擱在常溫中一天才開封，香氣和滋味就不易流失。假如是細分成泡一次的分量裝進密封袋冷凍時，每次拿出一份直接馬上沖泡也沒關係。

建議各位只買喝得完的分量，趁美味時飲用完畢。

尋找鍾愛之茶的祕訣

假如有自己鍾愛的茶，就會令人期待品茶的時光。

我的點心教室會在剛開始上課時提供日本茶，希望學生在開始聽講之前歇口氣。每次我會配合季節和天氣選擇茶種和沖泡法，然後坐在椅子上，當著眾人的面以閒適的心情謹慎沖泡，再把茶倒進湯吞杯供應出去。然後學生就會回覆一句「真是好喝」。假如他們接著問：「這是什麼茶？在哪裡買的？請教我怎麼泡。」我就會告知購買管道，出示包裝，開始召開一般的茶種講座。這時會有相當多人做筆記，拍攝包裝照片，事後再訂購。假如我在異地邂逅美味的茶飲，也會做筆記或拍照片。屆時也要事先記住品種、茶飲的水色和滋味給人的印象。能夠了解自己鍾愛的茶偏向哪些種類，就會變成下次選茶時的參考。只要知道購買管道和製造廠商，也就可以立刻將茶弄到手。

值得注意的買茶管道是講究選茶的茶屋（日本茶專賣店）。此外還有最近在各地逐漸增加的日本茶茶館及附設商店，將茶放進套餐當中依點菜順序沖泡，或是使用濾器泡茶，除了喝茶之外也能體驗工具的功用和性能。經營時尚生活雜貨的店家除了煎茶以外，還販賣許多番茶之類的茶種，讓人目不轉睛。有些老字號茶屋既有獨立店面，也進駐百貨公司，雖然有抄捷徑之嫌，但若有時間的話可以去勘查。另外，假如在商店街散步發現茶屋時覺得好奇，也不妨進去光顧。愛去的超級市場當中也一定會看到茶飲專櫃。旅程當中想要在「公路休息站」發掘當地的茶，於是就仔細觀察再買一個回去。以上管道皆可在挑選的同時參考網站詳細的說明或詢問店家，這樣就會提升滿意度。

我也建議大家參加茶展尋找。說來有偏袒之嫌，有個新的日本茶品評會叫做「日本茶 AWARD」，我從第一屆就參與籌畫。其中一項工作就是舉行「TOKYO TEA PARTY」活動，匯集產地和種類形形色色的日本茶，部分茶飲還可以在精心挑選的時候飲用。生產者也會在現場，氣氛適合提問，容易找到鍾愛的茶。除此之外還有很多日本茶的活動，請務必蒞臨參觀。

雖然還有其他地方可以邂逅美味的茶飲，但我多半會從講究品質的茶屋（日本茶專賣店），或是透過活動向認識的生產者直接購買。一旦愛上一種茶，就會想要不斷再三珍惜飲用。因此在開闢新口味時也會適量採購，限定在自己用得完的範圍內，還會多加小心不要買過頭。

　　詢問日本茶專賣店老闆的同時自行選擇和購買，這個方法既能成功安心飲用，去了店裡也能邂逅老闆精選的各種茶飲，別有一番趣味，打動人心。

　　有時也可以聽聽生產者的建議，或是換個品種購買，免於重複。

　　假如有一個可靠的購買管道，就能從這裡出發拓展茶飲的世界。舉辦日本茶講座的專賣店知識也很豐富，不妨在諮詢的同時參加講座，從學習當中尋找自己鍾愛的茶。各位覺得如何呢？

將美味的茶裝進瓶子裡當伴手禮

　　自帶美食的聚會當中，當然會帶親手做的小菜，另外也有很多人會帶點心或洋酒。至於我則是準備手工點心，以及搭配點心的茶葉、果汁或汽水。明明不會喝酒的人在增加當中，卻很少人帶酒精以外的飲料。其實有些百搭的飲料適合當伴手禮，馬上就可以喝。

　　有一天，我看見市面上在販賣送禮用的瓶裝液體日本茶，於是就把美味的日本茶冷藏備用，裝進瓶罐當中，裹上淺色的漂亮包裝紙或亞麻毛巾帶過去。日本茶怕光，銷售時多半裝在帶有顏色的瓶子裡以遮擋光線，但我自己調製再當成伴手禮送人時，則會裝在透明的瓶子裡，希望對方也能看見日本茶美麗的顏色。冷泡茶帶有透明感，能夠凸顯日本茶的顏色和鮮味。

　　帶自己泡的茶過去時，切記要裝在洗乾淨的瓶子裡，以免細菌孳生。帶去之後要就地放進冰箱冷藏，盡早喝完。手工茶不像市售物含有防腐劑，既安心又安全，但要請各位留意這無法保存。

　　將日本茶當成伴手禮時，我會選擇和紅茶、釜炒製玉綠茶之類的變種、玉露之類的話題性產品，或是水色清澈容易入口的煎茶或深蒸煎茶。這既是我的作風，聊起天來也會很盡興。請參考 P.90-93的茶種清單。

用茶包將美味的茶放在身邊

　　贈送點心時多半會配上茶，這樣就可以一併享用。但也有人不曉得該拿葉片茶怎麼辦，所以我最近會選擇帶茶包。想要送一點伴手禮時也會挑茶包。

　　即使自用時買的是葉片，想要送禮時也會選擇茶包，打聽對方的情況，確定這個人是否喜歡茶。既然裝進包材就會很耐放，只要常常預備就可以隨時餽贈，十分方便。囊括各類品種的套組商品，我也會用來嘗試變化口味，疲勞時一個人也能開封享用。茶包可以泡一人份，善後很輕鬆，不費吹灰之力就夠好喝了。就算有時像那樣敷衍了事，也不想讓滋味打折扣。

　　照片為井村製茶／桃香　和紅茶、茶之葉／茶包組、思月園／一泡茶包　煎茶組。

我現在關注的茶

這次要從本書食譜中使用的茶，以及我經常飲用的茶當中挑選32項產品，列成清單介紹給大家。

普通煎茶

品種·藤香
◆特徵　如花的香氣，水色為綠色。
◆取得管道
（有）思月園
〒115-0045 東京都北區赤羽1-33-6
TEL 03-3901-3566　FAX 03-3902-3588
營業 10:00～19:00　公休日 星期二
teashop-shigetuen.la.coocan.jp

天空之山茶
◆特徵　在來種茶。香氣四溢，滋味清爽，入喉感佳。水色為黃綠色。
◆取得管道
（有）平松製茶工廠
〒778-0103 德島縣三好市西祖谷山村有瀨213
TEL 0883-84-1284

宮崎奧綠
◆特徵　濃郁甘甜，典雅高尚。水色為淺黃綠色。
◆取得管道
井之田製茶北鄉茶園
〒889-2402 宮崎縣日南市北鄉町鄉之原乙2341-1
TEL 0987-55-2240　FAX 0987-55-4188
www.igeta-tea.net

香駿
◆特徵　特徵在於香氣 滋味也很均衡 帶有餘韻。水色為黃綠色。
◆取得管道
（有）思月園
〒115-0045 東京都北區赤羽1-33-6
TEL 03-3901-3566　FAX 03-3902-3588
營業 10:00～19:00　公休日 星期二
teashop-shigetuen.la.coocan.jp

宇治煎茶　光印
◆特徵　甘甜圓潤，鮮味濃郁卻高尚。水色為淺黃綠色。
◆取得管道
（股）松本園茶店
〒611-0002 京都府宇治市木幡東中8番地
TEL 0774-32-8105
www.ujicha.com

深蒸煎茶

大根占產冴綠
◆特徵　帶有甘甜和鮮味，圓潤青翠。水色為深綠色。
◆取得管道
（有）思月園
〒115-0045 東京都北區赤羽1-33-6
TEL 03-3901-3566　FAX 03-3902-3588
營業 10:00～19:00　公休日 星期二
teashop-shigetuen.la.coocan.jp

霧曉的一茶　光彩
◆特徵　香氣和滋味都很清爽。水色為綠色。
◆取得管道
三浦園
〒428-0035 靜岡縣島田市切山1591-15
TEL/FAX 0547-45-2916
tea-miuraen.jp

牧之原露光
◆特徵　甘甜當中帶有濃郁和鮮味，容易入口。水色為深綠色。
◆取得管道
（有）思月園
〒115-0045 東京都北區赤羽1-33-6
TEL 03-3901-3566　FAX 03-3902-3588
營業 10:00～19:00　公休日 星期二
teashop-shigetuen.la.coocan.jp

彩之國生品種茶　夢若葉
◆特徵　清爽甘甜的香氣。水色為深綠色。
◆取得管道
茶工房　比留間園
〒358-0042埼玉縣入間市上谷之貫616
TEL 0120-51-4188　FAX 04-2936-4488
www.gokuchanin.com

彩之國生品種茶　狹山香
◆特徵　如花的香氣，也有鮮味和可口的澀味。
　　水色為深綠色。
◆取得管道
茶工房　比留間園
〒358-0042埼玉縣入間市上谷之貫616
TEL 0120-51-4188　FAX 04-2936-4488
www.gokuchanin.com

蒸製玉綠茶

彼杵茶　朝夢
◆特徵　帶有清新甘甜，卻也有清爽的透明感。
　　水色為綠色。
◆取得管道
（有）茶友
〒859-3933 長崎縣東彼杵郡東彼杵町一之石鄉
　874
TEL 0957-47-0611　FAX 0957-47-1474
chayou.jp

冴綠
◆特徵　清新醇厚，帶有鮮味，感覺甘甜。水色
　　為深綠色。
◆取得管道
（有）西海園
〒859-3806 長崎縣東彼杵郡東彼杵町三根鄉
　1349
TEL 0957-46-0072　FAX 0957-46-0487
saikaien.com

山霧　特選極上印
◆特徵　帶有濃郁感，具備醇厚的鮮味和甘甜。
　　水色為深綠色。
◆取得管道
（有）岡田商會
〒859-3921長崎縣東彼杵町千綿宿鄉1330-1
TEL 0120-47-0346　FAX 0957-47-1613
www.shokokai.or.jp/42/423211S0003/index.htm

釜炒製玉綠茶

本山香茶　香壽
◆特徵　如甘甜花朵的香氣，滋味暢快醇厚。水
　　色為黃綠色。
◆取得管道
丸高農園
〒421-1225 靜岡縣靜岡市葵區小瀨戶2413-1
TEL/FAX 054-278-1141
www.marutaka-farm.jp/

釜炒製玉綠茶　興梠洋一製
◆特徵　香氣宜人，也有醇厚暢快的清新感。水
　　色為淺黃綠色。
◆取得管道
（有）思月園
〒115-0045 東京都北區赤羽1-33-6
TEL 03-3901-3566　FAX 03-3902-3588
營業 10:00～19:00　公休日 星期二
teashop-shigetuen.la.coocan.jp

有機釜炒茶　先綠
◆特徵　香氣宜人醇厚。入喉感佳，帶有清爽的
　　甘甜。水色為黃色。
◆取得管道
宮﨑茶房
〒882-1202 宮崎縣西臼杵郡五之瀨町 大字桑野
　內4966
TEL 0982-82-0211　FAX 0982-82-0316
www.miyazaki-sabou.com

嬉野釜炒茶　德永的唐仙
◆特徵　具備暢快感和香氣。水色為金黃色。
◆取得管道
股份公司　德永製茶
〒843-0301 佐賀縣嬉野市嬉野町下宿乙1938
TEL 0120-129-484
www.japaneseteashop.com

高千穗釜炒茶　天花

◆特徵　香氣宜人醇厚。入喉感佳，帶有清爽的甘甜。水色為金黃色。

◆取得管道

井之田製茶北鄉茶園

〒889-2402 宮崎縣日南市北鄉町鄉之原乙2341-1

TEL 0987-55-2240　FAX 0987-55-4188

www.igeta-tea.net

焙茶

半發酵焙茶

◆特徵　帶有水果茶的滋味和香氣。水色為褐色。

◆取得管道

丸高農園

〒421-1225 靜岡縣靜岡市葵區小瀨戶2413-1

TEL/FAX 054-278-1141

www.marutaka-farm.jp/

花香焙茶

◆特徵　冒出如花的香氣 滋味醇厚 水色為褐色。

◆取得管道

宮﨑茶房

〒882-1202 宮崎縣西臼杵郡五之瀨町 大字桑野內4966

TEL 0982-82-0211　FAX 0982-82-0316

www.miyazaki-sabou.com

宇治焙茶（含碾茶）

◆特徵　感覺得出甘甜宜人的澀味，取得均衡。水色為淺褐色。

◆取得管道

（有）思月園

〒115-0045 東京都北區赤羽1-33-6

TEL 03-3901-3566　FAX 03-3902-3588

營業 10:00～19:00　公休日 星期二

teashop-shigetuen.la.coocan.jp

焙茶100（不使用農藥）

◆特徵　相當清爽，甘甜，令人安心的滋味。水色為褐色。

◆取得管道

茶之葉

〒225-0002 神奈川縣橫濱市青葉區美丘1-1-2多摩廣場 TERRACE GATE PLAZA 1F

TEL 045-511-7515　FAX 045-511-7517

www.chanoha.info/

極上焙茶

◆特徵　焙煎程度深，香氣芬芳，具備焙茶應有的滋味。水色為深褐色。

◆取得管道

一保堂茶鋪

〒604-0915 京都府京都市中京區寺町通二條上

TEL 075-211-4018　FAX 075-241-0153

營業 9:00～18:00

www.ippodo-tea.co.jp/

和紅茶

手摘和紅茶　春摘

◆特徵　如花的水果茶，如蜜的醇厚。水色為紅褐色。

◆取得管道

三浦園

〒428-0035 靜岡縣島田市切山1591-15

TEL/FAX 0547-45-2916

tea-miuraen.jp

金谷和紅茶桃香 Premium Leaf

◆特徵　果實般的香氣，還有醇厚濃郁。水色為紅褐色。

◆取得管道

井村製茶

〒428-0037 静岡縣島田市菊川686

TEL 0120-88-6788　FAX 0547-45-4306

www.imuraen.jp

釜炒紅茶　南爽

◆特徵　帶有水果茶的滋味、香氣和甘甜。水色為紅褐色。

◆取得管道

宮崎茶房

〒882-1202 宮崎縣西臼杵郡五之瀬町 大字桑野內4966

TEL 0982-82-0211　FAX 0982-82-0316

www.miyazaki-sabou.com

丸子紅茶　紅光

◆特徵　帶有甘甜，給人沉穩的印象，也有鮮味。水色是帶有透明感的紅褐色。

◆取得管道

丸子紅茶・村松二六

〒421-0103 靜岡縣靜岡市駿河區丸子6775

TEL/FAX 054-259-3798

www.marikotea.com

玉露

宇治玉露・心

◆特徵　甘甜當中還帶有些微的苦味，濃郁醇厚。想要在極低溫下細細沖泡，品嚐濃稠滋味。水色為淺綠色。

◆取得管道

（有）思月園

〒115-0045 東京都北區赤羽1-33-6

TEL 03-3901-3566　FAX 03-3902-3588

營業 10:00〜19:00　公休日 星期二

teashop-shigetuen.la.coocan.jp

八女傳統本玉露　稀

◆特徵　甘甜濃郁，醇厚清爽。水色為綠色。

◆取得管道

星野製茶園

〒834-0201 福岡縣八女市星野村8136-1

TEL 0943-52-3151　FAX 0943-52-3155

www.hoshitea.com/

抹茶

和光

◆特徵　醇厚甘甜，滋味均衡。水色為鮮綠色也很有魅力。

◆取得管道

丸久小山園

〒611-0042 京都府宇治市小倉町寺內86番地

TEL 0774-20-0909

www.marukyu-koyamaen.co.jp

番茶

德島縣上勝町　阿波番茶

◆特徵　酸味鮮明的發酵番茶，想要在放鬆的時候飲用。水色為褐色。

◆取得管道

（有）思月園

〒115-0045 東京都北區赤羽1-33-6

TEL 03-3901-3566　FAX 03-3902-3588

營業 10:00〜19:00　公休日 星期二

teashop-shigetuen.la.coocan.jp

煎番茶

◆特徵　撫慰的香氣，濃郁芬芳。水色為深褐色。

◆取得管道

一保堂茶鋪

〒604-0915　京都府京都市中京區寺町通二條上

TEL 075-211-4018　FAX 075-241-0153

營業 9:00〜18:00

www.ippodo-tea.co.jp/

其他

玄米（不使用農藥）

◆特徵　炒出芬芳的甘甜，用在玄米茶或點心的配料上。

◆取得管道

茶之葉

〒225-0002 神奈川縣橫濱市青葉區美丘1-1-2多摩廣場TERRACE GATE PLAZA 1F

TEL 045-511-7515　Fax 045-511-7517

www.chanoha.info/

INDEX

煎茶食譜

基本泡茶法　40

添加碳酸　7

與香草搭配　10

與柑橘搭配　14

添加甜味　18

添加牛奶和豆漿　22

冰凍　26

煎茶琴酒　30

煎茶風味的日本酒　33

冷泡　34

將冷泡茶當作洋酒使用　37、38

煎茶口味鳳梨茶　42

煎茶果凍　43

煎茶冰沙　44

漂浮煎茶　44

白巧克力風味煎茶牛奶　45

柑橘茶　48

丹桂糖漿茶　48

柚香煎茶　49

櫻花煎茶　46

煎茶葡萄柚混合口味果凍　47

佃煮　76

一口大小韓式煎餅　76

涼拌碎豆腐　76

馬鈴薯沙拉吐司　76

煎茶燉飯　77

焙茶食譜

基本泡茶法　40

添加碳酸　7

與香草搭配　10

與柑橘搭配　14

添加甜味　18

添加牛奶和豆漿　22

冰凍　26

冷泡　34

將冷泡茶當作洋酒使用　39

咖啡焙茶　52

豆漿牛奶紅豆焙茶　53

薑汁奶茶　56

印度拉茶　56

薑汁汽水焙茶　57

製作焙茶　58

焙茶飯糰　77

抹茶食譜

基本泡茶法　40

添加碳酸　7

與香草搭配　10

添加甜味　18

添加牛奶和豆漿　22

冰凍　26

抹茶啤酒　31

抹茶香蕉奶昔　60

抹茶牛奶果凍與椰奶抹茶果凍　61

草莓牛奶抹茶　64

抹茶汽水　64

抹茶熱巧克力　65

抹茶拿鐵　65

和紅茶食譜

基本泡茶法　40

添加碳酸　7

與香草搭配　10

與柑橘搭配　14

添加甜味　18

添加牛奶和豆漿　22

冰凍　26

冷泡　34

將冷泡茶當作洋酒使用　36

柳橙冰鎮紅茶　68

枇杷紅茶　69

金橘茶　69

黑糖寒天臺式奶茶　72

草莓奶茶　73

巧克力奶茶　73

其他

牛排配薯條　36

奶油煎魚　37

孜然風味高麗菜鹹派　38

山茼蒿培根法式鹹蛋糕　39

製作玄米茶　59

醃製金橘　70

枇杷酒　70

柚香果醬　74

丹桂糖漿　74

關於玉露　75

我愛用的泡茶工具　80

關於日本茶的種類　82

尋找鍾愛之茶的祕訣　86

將美味的茶裝進瓶子裡當伴手禮　88

用茶包將美味的茶放在身邊　89

我現在關注的茶　90

愛　　生　　活　　　　0　5　3

日本茶食譜：

47 種創新風味飲品與料理

あたらしくておいしい日本茶レシピ

國家圖書館出版品預行編目（CIP）資料

日本茶食譜：47 種創新風味飲品與料理／本間節子著；李友君譯 . --
初版 . -- 臺北市：健行文化出版：九歌發行，2020.08
96 面；14.8×21 公分 . --（愛生活；53）
譯自：あたらしくておいしい日本茶レシピ
ISBN 978-986-99083-1-3（平裝）

1. 茶食譜

427.41　　　　　　　　　　　　　　　　　　　　　109009475

作　　　者 —— 本間節子
譯　　　者 —— 李友君
責任編輯 —— 曾敏英
發 行 人 —— 蔡澤蘋
出　　　版 —— 健行文化出版事業有限公司
　　　　　　　臺北市 105 八德路 3 段 12 巷 57 弄 40 號
　　　　　　　電話／ 02-25776564・傳真／ 02-25789205
　　　　　　　郵政劃撥／ 0112295-1

九歌文學網　www.chiuko.com.tw

排　　　版 —— 綠貝殼資訊有限公司
印　　　刷 —— 前進彩藝有限公司
法律顧問 —— 龍躍天律師・蕭雄淋律師・董安丹律師
發　　　行 —— 九歌出版社有限公司
　　　　　　　臺北市 105 八德路 3 段 12 巷 57 弄 40 號
　　　　　　　電話／ 02-25776564・傳真／ 02-25789205
初　　　版 —— 2020 年 8 月
定　　　價 —— 320 元
書　　　號 —— 0207053
Ｉ Ｓ Ｂ Ｎ —— 978-986-99083-1-3